"十三五"江苏省高等学校重点教材

江苏"十四五"普通高等教育本科规划教材

融合型·新形态教材
复旦社云平台 fudanyun.cn

U0730973

普通高等学校学前教育专业系列教材

幼儿行为观察与分析

（第二版）

主 编 王晓芬

复旦大学出版社

内容提要

本教材是在国家"幼有所育""幼有善育"战略指引下,基于教学经验和学情分析精心编写的。教材力图切合幼儿园教育工作需要,系统培养学习者的儿童行为观察、科学分析及有效指导能力,助力其夯实专业基础,为职业发展与终身学习筑牢根基。

本教材致力于构建"幼儿行为观察与分析"独特的课程体系。除讲授行为观察与记录的方法外,还将行为观察的要点、行为分析的原则与技巧、行为指导的原则与策略作为专门章节来讲授。每章以"章节导入"引起学习兴趣,以"学习要点"提示核心内容,以"正文内容"呈现重点内容,以"课程思政"凸显专业思想,以"岗课赛证"强化能力训练,以"拓展阅读"打开学习视野。

为了教师更好授课,学生更好学习,本教材配套了丰富的数字资源,包括教学课件、教案、教学大纲、微课视频、活动视频、岗课赛证试题及答案等,可扫描书中二维码或登录复旦社云平台(www.fudanyun.cn)查看、获取。本书可作为各高等院校相关课程的讲授教材,也可作为一线教师的进修用书。

复旦社云平台
数字化教学支持说明

为提高教学服务水平，促进课程立体化建设，复旦大学出版社建设了"复旦社云平台"，为师生提供丰富的课程配套资源，可通过"电脑端"和"手机端"查看、获取。

【电脑端】

电脑端资源包括PPT课件、电子教案、习题答案、课程大纲、音频、视频等内容。可登录"复旦社云平台"（fudanyun.cn）浏览、下载。

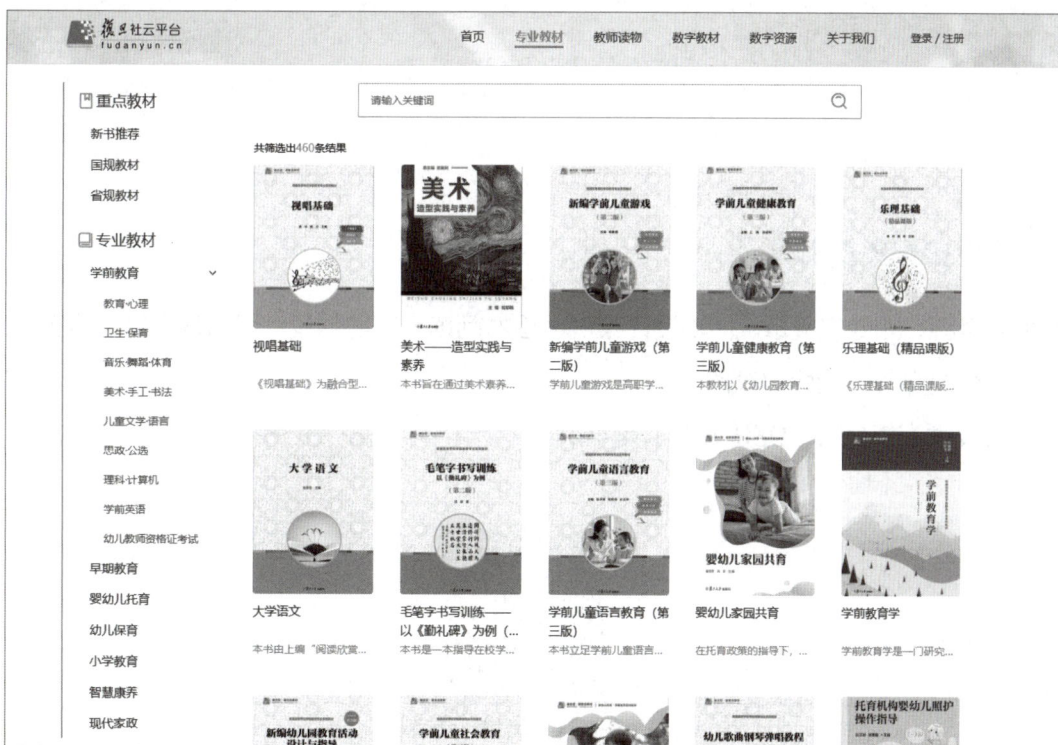

Step 1 登录网站"复旦社云平台"（fudanyun.cn），点击右上角"登录／注册"，使用手机号注册。

Step 2 在"搜索"栏输入相关书名，找到该书，点击进入。

Step 3 点击【配套资料】中的"下载"（首次使用需输入教师信息），即可下载。音频、视频内容可点击【数字资源】，搜索书名进行浏览。

📱 **【手机端】**

PPT 课件、音视频、阅读材料：用微信扫描书中二维码即可浏览。

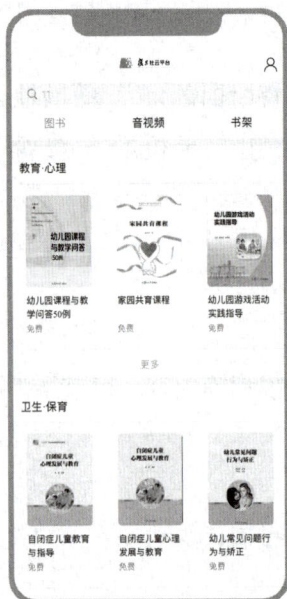

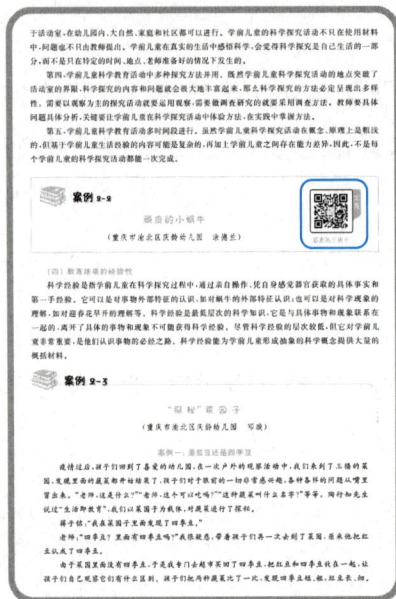

扫码浏览 ➡️

📖 **【更多相关资源】**

更多资源，如专家文章、活动设计案例、绘本阅读、环境创设、图书信息等，可关注"幼师宝"微信公众号，搜索、查阅。

平台技术支持热线：029-68518879。

"幼师宝"微信公众号

二版前言

党的二十大报告指出,教育、科技、人才是全面建设社会主义现代化国家的基础性、战略性支撑。其中,教育摆在首位。党的二十大报告还提出,"在幼有所育、学有所教……弱有所扶上持续用力""强化学前教育、特殊教育普惠发展",这为学前教育高质量发展指明了方向。学前教育是终身学习的开端,是国民教育体系的重要组成部分。在加快普及学前教育和大力提高学前教育质量的新形势下,为保证教师队伍质量和幼儿健康成长,教育部先后出台了《幼儿园教师专业标准(试行)》《3—6岁儿童学习与发展指南》《学前教育专业师范生教师职业能力标准(试行)》《幼儿园保育教育质量评估指南》等文件。其中,特别强调了教师作为幼儿行为观察者的角色。在这一背景下,幼儿行为观察与分析能力受到了高校研究者和一线实践者的高度重视,各个高等院校的人才培养方案中也先后加入了该门课程。

自2011年南通大学开设"幼儿行为观察与分析"这门课程,迄今为止已有14个年头。我成为这门课程的首任和主任教师。由于江苏省每年举办的"师范生技能大赛"中有一项内容为"幼儿行为观察与分析",为此,这门课程在我校和其他高校中越来越受到重视。

近些年来,有关幼儿行为观察的书籍数量逐步增多,从2011年的只有1本教材和几本译著,到2024年的几十本相关书籍;这些年来,我校对这门课程的性质定位从选修课调整为必修课,课时数量从18课时增加至36课时,讲授时从理论阐述多转向实践练习多。在任教过程中,我和同事也一直不断调整参考用书、授课内容、授课方式,其中最深刻的感受就是当前教学参考用书存在一些显著的问题。

1. 当前多数教材受学前教育科研方法中"观察法"的局限,重点讲授了观察与记录的各种方法,如描述性观察、取样观察、观察评定。这些教材知识体系严谨,适合理论讲解与知识传授,但较少关注对幼儿行为的分析与指导,这使得该门课程教学的实际效果大大降低。因为对幼儿行为进行观察与记录不是我们的目的,更重要的是基于观察分析幼儿的行为提出相应的对策,进而促进幼儿的发展。

2. 当前教材中缺少案例和实训内容。该门课程为应用性课程,旨在帮助未来和当前的幼儿园教师掌握观察和记录幼儿行为的方法,明析幼儿行为的方式,能提出改善幼儿行为的建议。为此,该门课程需要大量的辅助资料。当前的教材多侧重理论阐释,不利于学习者对相关内容的掌握。

我们还调研了当前教师的观察记录能力，发现：幼儿园教师普遍认同和理解撰写观察记录的意义，但部分教师对这项工作抱有不情愿的态度；教师具有一定的观察意识，但对记录的实施掌握薄弱；对行为的描述能做到客观，但忽略行为发生的过程；对行为的分析与评价能力亟待提高。基于发现和讨论，我们认为，应将观察记录撰写作为提升教师反思能力的手段，提高撰写的"质"；围绕教师的真正需求开展培训，提高教师的撰写水平；着重提高教师对幼儿行为的分析与评价能力。

本教材第一版于2019年出版，自出版后得到了很多高校师生的认可，已累计印刷11次，发货量超4万册。在感谢使用者的同时，我们也不断收集和汇总他们的意见，同时结合教材出版中要突出"课程思政"和"岗课赛证结合"等要求，在本次修订中主要做出了以下调整：(1) 完善部分细节问题。将之前没有解释说明的内容阐释清楚，并调整一些细节性错误，以将教材打磨得更加完善。(2) 增加课程思政内容。每章"学习要点"中增加思政目标，每章增加一个"思政园地"，这些内容涉及我国相关法律法规、政策文件、教育改革动向，着重增强学生的专业认同感和使命感，培养学生师德为先、幼儿为本、教师反思的意识和能力。(3) 调整每章的思考练习。以前每章后面的思考练习仅有一种题型，本次修改将之改为"岗课赛证"，将近年来的教师资格证考题融入其中，题型涵盖选择题、辨析题、简答题和实训题，学生能从多个角度巩固所学和增强应用能力。(4) 替换大部分案例。原有教材中部分案例已经过时，质量有待优化。本次修订集合十余所幼儿园的教师和多位高校师生，在他们提供的诸多案例中进行筛选，之后将教材中的原有案例进行替换。

本教材的特色在于：(1) 理念新、更具针对性。编写基础扎实，提纲确定、内容筛选及体例编排，一方面借鉴国内外的最新文献资料和多年担任教学工作积累的经验，另一方面基于编写者对教师观察能力的现状、问题、需求和学前师范生的课程学习、高校教师的教学情况等10篇系列调研的成果。(2) 体例清、突出实用性。体例编排简明清楚，每章以"章节导入"引起学习兴趣，以"学习要点"提示核心内容，以"正文内容"呈现重点内容，以"思政园地"凸显专业思想，以"岗课赛证"强化能力训练，以"拓展阅读"打开学习视野。语言表述简单朴实，把理论有机融合在案例中，鲜活和代表性案例的展现（如观察报告、量表/工具、记录文本等）及分析易于学生理解。(3) 站位高、坚持立德树人。贯彻《中华人民共和国学前教育法》《幼儿园教育指导纲要（试行）》《3—6岁儿童学习与发展指南》《幼儿园教师专业标准（试行）》《学前教育专业师范生教师职业能力标准（试行）》《幼儿园保育教育质量评估指南》等文件精神，符合国家教育方针和对学前师范生的培养规格与要求，致力于帮助师范生认识幼儿的年龄特点和个别差异，树立科学的儿童观、教育观，进而理解与践行本专业核心价值，增强专业认同感和使命感，践行幼儿为本和师德为先等理念。

本教材的创新点在于：(1) 建构独有框架体系。因该门课程新、建设基础薄，以往教材数量少、脱胎于教育研究方法，过多介绍观察法，较少关注行为分析与指导，本教材将行为观察的要点、行为分析的原则与技巧、行为指导的原则与策略作为专门章节来呈现，突破以往教材体系的桎梏。(2) 配有丰富的数字资源。为方便教师教学,配有教学简介、教学大纲、授课计划、教学方案、PPT课件、教学建议。为方便学生学习,精选多个各年龄段各领域幼儿活动视频及相应观察记录范例、微课、30条拓展阅读资料、40个代表性案例,并编制了模拟试卷及对应参考答案。以上数字资源由"复旦社云平台"提供技术支持。(3) 助力学生可持续发展。本教材打破以知识点为架构的编写逻辑,以五大领域、游戏活动和幼儿在园一日生活为观察的切入点,无缝衔接未来工作场景,助力师范生顺利入职。学习者还可在以后的工作中查阅参考,即本教材成为其职后专业能力提升的得力工具,实现职前培养和职后就业运用的一体化贯通。

在本次修订的过程中,江苏省南通市崇川区五山小学附属幼儿园、通师一附万濠星城幼儿园、通州区金桥幼儿园、开发区康斯登幼儿园、如皋蔡春燕名师工作室,苏州工业园区文景幼儿园、尚城幼儿园,昆山市淞南幼儿园,浙江省海宁机关幼儿园,广西壮族自治区钦州市幼儿园等为我们提供了大量的案例。我的研究生刘羽乔、张李澄、王丽、董申、周蕊蕊、袁菁、夏玲玲各对教材一章内容进行了细致的校对并提供了部分案例。

本教材为南通大学2024年高质量教材建设培育项目、2023年东方英才计划青年项目(主持人:李娜)、江苏省研究生实践创新计划"大班幼儿游戏活动中教师倾听行为的研究"(SJCX24_1958)和"大班幼儿绘画表征中的教师'一对一倾听'研究"(SJCX24_1959)的研究成果,在此对相关单位表示感谢!

王晓芬
南通大学

目 录

第一章

认识幼儿行为观察与分析

章节导入

《幼儿园教育指导纲要（试行）》（以下简称《纲要》）第三部分第十条指出："（一）以关怀、接纳、尊重的态度与幼儿交往。耐心倾听，努力理解幼儿的想法与感受，支持、鼓励他们大胆探索与表达。（二）善于发现幼儿感兴趣的事物、游戏和偶发事件中所隐含的教育价值，把握时机，积极引导。（三）关注幼儿在活动中的表现和反应，敏感地察觉他们的需要，及时以适当的方式应答，形成合作探究式的师生互动。（四）尊重幼儿在发展水平、能力、经验、学习方式等方面的个体差异，因人施教，努力使每一个幼儿都能获得满足和成功。（五）关注幼儿的特殊需要，包括各种发展潜能和不同发展障碍，与家庭密切配合，共同促进幼儿健康成长。"

以上文字中的"关注、倾听、发现、尊重、因人施教、特殊需要"等都告诉我们，开展教育的前提是要对幼儿进行充分了解，关注幼儿的不同发展水平及需要。《幼儿园教师专业标准（试行）》（以下简称《标准》）特别强调幼儿园教师要具有观察了解幼儿、掌握不同年龄幼儿身心发展特点和个体差异的能力，要求教师"掌握观察、谈话、记录等了解幼儿的基本方法""有效运用观察、谈话、家园联系、作品分析等多种方法，客观地、全面地了解和评价幼儿"，这进一步明确了教师作为幼儿行为观察者的角色。教师要真正了解幼儿，在正确理念的指导下，学习专业的幼儿行为观察知识。那何谓专业的幼儿行为观察？幼儿行为观察的价值与意义何在？怎样开展幼儿行为观察与分析呢？本章将阐述以上问题。

学习要点

1. 了解观察的含义、一般观察与专业观察的区别，知道该能力为教师的专业核心能力之一。
2. 理解幼儿行为观察的价值，树立乐于观察、幼儿为本的专业理念。
3. 掌握开展幼儿行为观察的基本过程，愿意尝试进行观察和反思。

第一节　幼儿行为观察概述

要了解幼儿行为观察的内涵，我们需要先知道行为、观察的含义，并知晓幼儿行为观察是一种专业的观察能力。

一、行为的含义与特征

（一）行为的含义

从一般意义上来讲，行为有两种解释，即狭义的行为和广义的行为。从狭义上来讲，行为是指个体的一言一行、一举一动，是一种外在的且能被直接观察、描述、记录或测量的活动。一个人说话、走路、游戏、吃东西等都是观察过程中的行为，这些都是个体的外在表现，而且是能被别人直接观察、描述、记录或测量的活动。例如，明明在跑跳，雅雅在做手工。

这些活动不但可以被人直接观察到，而且可以利用一些设备（录音笔、录像机等）把它们记录下来，再加以分析研究和处理。从狭义上理解的观察中的"行为"，必须是直接的行为事实。在观察过程中，必须将这些行为事实进行记录，以免疏漏遗忘。记录以后，还要对记录下来的资料进行补充、整理和分析，这样观察者才能对这些行为进行判断，并以此来解释这些行为的意义。

对于我们来说，除了狭义的解释外，更有意义的是对行为广义的解释。从广义上来讲，行为不仅限于能被直接看到的人的外在活动，还包括以外在行为为线索，间接表现出来的内在心理活动和心理过程。被观察者的思维、个性、意愿等部分是不可能由观察者直接观察到的，必须通过反映行为事实的资料来进行猜想、假设、评估或推测。

（二）外在行为的特征

虽然人类的行为大多是受个人内在因素影响而产生的，较难推测行为产生的原因，但人类的行为也具有一些共同的特点。观察者可以根据这些共同的特点对被观察者的内心想法做大胆假设，再通过收集资料去小心求证，这样就能通过观察来了解被观察者行为产生的原因。综合而言，人类行为具有连续性、整合性、程序性三个特点[1]。

1. 连续性

人类某一行为的发生是有始有终的，即使在过程中有中断，但是人的想法不会因此而无故中断或结束。因此，人类的外在行为也是有其轨迹可寻的，即人类行为具有连续性的特点。在行为观察中，有时将某个事件或某个时间作为基准来收集资料，依然可推测行为整个过程的意义。行为的连续性这一特征意味着：我们在观察时要关注行为的完整性，尽可能客观地从头到尾看完行为过程，这样观察到的行为才会避免出现严重缺失或者推理偏离。

2. 整合性

人的行为产生时，其身体不同部位的动作及表情的意义不是分离的，这是人类行为的第二个特点，即人类行为具有整合性。人在行动时的动作及表情，有的表现在脸部，有的表现在四肢，有的表现在其他部位，不同部位的动作、表情互相协调而形成共同的意义。如果人各部位的动作及表情不能协调成共同的意义，那这个人可能就是有心理问题才导致表现异常。因此，行为观察不必要也不可能从头到脚都要看得非常清楚，只要从某一个比较明显呈现行为的部位来观察就可以了。例如，小孩在吃草莓，嘴上在吃，可面露怯色，手开始往回缩，把已经拿起的草莓放回盘子。行为的整合性这一特征意味着：我们在做行为观察时，不仅仅要看外在的一言一行，还要主动关注眼神、表情、肢体、语言等细节，这样观察到的行为才完整。

3. 程序性

人类在做出行为时，往往会受到先前行为经验的影响，这即人类行为的程序性特点。不仅个人先前的行为经验会影响后面的行为表现，而且先前行为的内在影响也会影响之后的思想。人的行为都有其原因，不会无缘无故地产生。因此，收集关于被观察者多方面的行为资料，可以推测其行为的原因、影响关系。例如，小女孩在玩，小男孩走过去，小女孩有点害怕的样子。小女孩的这一表现可能与之前和小男孩的不愉快沟通有关。行为的程序性这一特征意味着：我们在进行行为观察时，不仅仅要了解当前行为的表现，还应该去回溯或者了解影响当前行为的原因、背景因素等，这样可以帮助我们更好地解

---

① 施燕,章丽.幼儿行为观察与记录［M］.上海：华东师范大学出版社,2015.

释观察到的行为。

综上所述，人类行为具有连续性、整合性、程序性三大特点，但由于每个人的遗传、所处的环境和所受的教育不同，每个人的生活、学习经验也不同，所以每个人都会有其个人的行为特点，即个体的行为都有其特殊性。共同意义的行为是依据人类行为发展或社会文化的共同原则定义的，相对容易了解；个人意义的行为则因个别差异而不易理解，而这正是需要通过观察来了解的内容。

二、观察的含义与要素

观察对于我们每个人来说都不是陌生的词汇，我们每个人都是观察者，每天都在进行着各种各样的观察。我们用眼睛看世界，是观察；用耳朵听世界，是观察；用双手触摸世界，也是观察。总而言之，我们运用感官感受、认识、理解世界，就是观察。这是从最广泛的意义上来理解观察。

（一）观察的含义

究竟什么是真正的观察？我们如何理解和把握？从字面上看，"观察"包括"观"与"察"两部分。"观"，顾名思义，主要指看；"察"，不仅指看，而且要"仔细看"和"看明白"。"观"和"察"合在一起就是既看又想的过程。观察不仅仅是人类感觉器官直接感知事物的过程，也是人类大脑积极思维的过程。事实上，我们每天都在看，可能想得少，甚至不想、不思，导致我们易出现司空见惯、见怪不怪甚至麻木不仁的状态，这称不上观察。

因此，观察不仅是用感官感受的过程，而且是看明白、看懂的过程。所以，心理学上把观察看作有目的、有计划、比较持久的知觉。它是以视觉为主，融入其他感觉，使各种感知融为一体的综合感知，是知觉的一种高级形式。观察中包含着积极的思维活动，因此人们也把它称为思维的知觉。作为从事幼儿教育的教师，我们在不断地观察和了解幼儿。没有对幼儿的观察就没有真正的活动，就看不到幼儿要表达的意愿，听不到幼儿要说的，猜不到幼儿所想的，那又如何用心来感知幼儿的世界，走进幼儿的心灵？只有通过对幼儿的观察，我们才能了解幼儿的学习方式，了解幼儿的经验获得途径，以便更有效地指导幼儿和进行保教工作。

（二）观察的要素

观察的过程是具有一些要素的，具有这些要素的行为才称得上是观察。观察的要素包括以下四个方面。

第一，注意。注意是指一个人的感官和思考集中在某个对象上，使其所有的感知觉及思考、动作的反应都针对这对象而作用。当环境中的某个事物吸引了人的注意，引发了这个人的好奇，而一时又无法找到原因，这时就会产生想要获取更多的信息来了解的想法，于是观察的开始——注意便产生了。

第二，对象与背景。前面所说的被引起注意的事物就是对象，而其他虽然同时存在，但并不被注意的事物就是背景。虽然背景并不被人密切注意，但是它确实存在。人注意的对象也不是孤立地存在于环境之中，而是和背景有着相互影响的作用。

第三，主观参与。人的内在动机、情感及价值判断对观察活动的参与就是主观参与。个人的内在动机、情感及价值判断都会因人而异。虽然在观察时保持客观性十分重要，但是人的主观性是难以克服的，因为主观性是人个性的核心部分，不可能轻易丢弃或改变。当然，我们不能把主观参与看作是坏事情，因为主观参与可以增强观察的动机，并通过推测、分析、归纳，使客观的事实不停留在琐碎的状态。

第四，判断和结论。在观察进行过程中，根据客观事实和主观想法，给予客观对象一个意义，这便是判断。每个观察都应该有判断，没有判断的观察不是一个完整的观察，充其量只能说是感知而已。观察的判断可能是观察过程中暂时的、有待验证的想法，也可能是最后的结论。

从以上列举的观察的要素中我们可以看出，观察不仅是人类通过感觉器官进行感知的过程，而且是需要通过大脑对信息进行加工的过程。

（三）一般观察与专业观察的区别

所谓的一般观察，就是人们在日常生活中的观察，也可称之为日常观察，它是相对于作为科学研究手段的专业观察而言的。日常生活中，人们的观察常常是因为好奇而引起的，因此，大多数一般观察并没有预先设定的目的。由于日常观察是随意发生的，所以在这些观察发生时，我们可能只注意到了事物、现象或人行为的某个方面、某些片段，而错过了另一些互有联系的现象、行为或片段；或者观察到的事实只是偶发事件或是在特殊背景下的行为，不能代表被观察者的典型状况。

相对一般观察，专业观察指为了职业要求或科学研究而进行的，是有明确目的、计划安排，有一定控制和严格记录的观察。专业观察的目的性，表现在对某项（次）观察所要解决的问题、所要获取的资料有预先明确的决定，并对所要观察的问题或变量做出明确的操作性定义。专业观察的计划性体现在对观察活动的时间、顺序、过程、对象、设备、记录方法和材料等都有预先的计划、安排和准备。在诸多专业观察中，幼儿教师对幼儿行为的观察是专业观察的一种。

三、幼儿行为观察的含义、特征与类型

（一）幼儿行为观察的含义

幼儿行为观察，顾名思义，是对幼儿行为进行的观察，在对幼儿行为了解的基础上，对他们的个性、需要、兴趣等不同方面进行了解，从而调整教育行为和策略[①]。幼儿行为观察，是专门针对学龄前幼儿进行的科学观察。它是通过感官或仪器，有目的、有计划地对自然状态下发生的学龄前幼儿行为及现象进行观察、记录、分析，从而获取事实资料的方法。

会观察幼儿行为，能读懂幼儿行为，明白幼儿行为背后的意义和需要，并能采取正确的指导策略的基础，是一名幼儿教师必备的专业技能。也就是说，掌握对幼儿行为的观察和指导既是一种尊重幼儿、关注幼儿的理念，也是一项专业技能。它要求教师会科学记录和分析幼儿行为；能掌握不同年龄段幼儿的行为特点；能科学解读幼儿的行为和行为变化；能科学推测幼儿行为背后的想法；能运用科学方法及时处理幼儿的个性化要求，会和幼儿交流；能科学评价幼儿，促进幼儿达到相应发展目标。

（二）幼儿行为观察的特征

1. 幼儿行为观察是在自然条件下进行的观察

为了了解幼儿的行为表明的真实意义，对幼儿行为的观察一定要在自然状态下进行。所谓的自然状态，也就是对观察的现象或行为，不加以任何人为的控制，使它们以本来的面目客观地呈现出来。例如，观察幼儿用餐情况，就应该在幼儿日常进餐、用点心等过程中，并且是在其熟悉的环境中进行。

2. 多数情况下的幼儿行为观察是一种有目的、有计划的观察

虽然对幼儿行为的观察是在自然状态下进行的，但是这并不等于对幼儿行为的观察是完全自由随意的。作为专业观察之一，幼儿行为观察的过程不能完全任其自然发展而毫无控制，尤其是在比较正式的观察中，为了尽量地减少误差，增强结论的可靠性，观察者应当对观察的步骤、途径、方式等进行一定的控制。因此，幼儿行为观察所要解决的问题、要获取什么资料等，很多都是预先决定的，表现在观察活动的时间、顺序、过程、对象、仪器、记录方法等大多是事先安排好的，并对所要观察的问题做出明确的操作性定义。也就是说，观察者应当将观察步骤、途径、方式等在一定程度上纳入控制。例如，观察什么、用什么方法进行观察、怎样观察、在哪里观察、在什么时间观察，等等。因此，幼儿行为观察是一种有目的、有计划、有一定控制的观察方式。

3. 幼儿行为观察需要收集多方面的客观资料

对客观事实的了解除了运用观察者的感官之外，还能运用各种帮助收集观察对象资料的仪器或工具，运用这些仪器或工具的目的只有一个，那就是尽可能使观察到的事实以原貌被保存下来。也就是说，收集客观资料的途径有两个：第一是运用人的感官来收集资料，第二是运用各种能够帮助收集观察对象资料的仪器或工具来收集资料。因此，在观察过程中运用多种方式进行记录尤为重要。在观察过程中进行记录时，应同时把对行为的客观描述和对这些行为的主观解释与评价严格地区分开来。无论

---

① 施燕,韩春红.学前儿童行为观察[M].上海:华东师范大学出版社,2011.

采用的是什么记录的方法(人工的或其他的),都要强调其客观性,保持其原貌,不加以任何扭曲或随意的猜想。

(三)幼儿行为观察的类型

1. 根据观察记录的结构性质和控制程度,分为正式观察和非正式观察

正式观察又称结构性观察,对于观察的内容、程序、记录方法都进行了比较细致的设计和考虑,观察时基本上按照设计的步骤进行,对观察的记录结果也适合进行量化处理。本教材第五章、第六章涉及的时间取样、事件取样、行为检核、等级评定均属于正式观察。

非正式观察又称非结构性观察,事先没有严格的设计,比较灵活、机动,能够抓住观察过程中发现的现象而不必受设计的框架限制,但是难以进行量化处理。本教材第四章涉及的轶事记录、日记描述等均属于非正式观察。案例1-1是一位观察者的轶事记录实例[①],是观察者无意之中发现的有趣事件。

案例1-1 非正式观察——大便上有芝麻

时间:2004年4月29日9:10画画时间　　　地点:某幼儿园中二班
人物:月月、瑞瑞、小毅、小佳

月月刚大便完回到桌边,对瑞瑞说:"告诉你一件好笑的事儿。"然后,凑到瑞瑞的耳边说起了悄悄话。说完,两个人一起笑了起来。

一旁的小毅好奇地问:"什么好笑的事儿? 告诉我!"瑞瑞说:"不要告诉他,别说,我会为你保密的!"小毅说:"告诉我吧!"月月说:"不!"小毅开始猜测:"我知道,是说去玩?""不是!""画画?""不是!""学习?""也不是。"小毅有点泄气,说:"我不跟你开玩笑了,我要画画了。"

这时,小佳走过来问:"你们在说什么事呀?"月月凑近她耳边轻轻告诉了她,两人又笑了起来。小毅大声说:"小奸小坏的家伙! 告诉别人为什么不能告诉我?"瑞瑞说:"我们是女孩子,当然能告诉了!""胡说!"

月月凑到小毅耳边,说:"好吧,我告诉你,我刚才大便时看见大便上有芝麻!"几个幼儿又一起笑了起来,小毅重复了一遍:"大便上有芝麻! 哈哈哈!"

---

2. 根据观察者是否参与观察对象的活动,分为参与式观察和非参与式观察

参与式观察是指研究者不同程度地参与到被观察者的群体或组织中去,共同生活并参与日常活动,从内部观察并记录观察对象的行为表现与活动的过程。参与式观察的优点是:观察研究者可以不暴露自己的研究者身份,使观察处于秘密的状态;由于研究者进入研究现场,研究者对观察对象的活动就有了比较深入的体验和理解,有助于理解观察对象背后的心理活动和动机,使观察比较深入。

非参与式观察是指观察者不介入被观察者的活动,不干预其变化发展,以局外人和旁观者的身份从外部了解观察对象。与参与式观察相比,非参与式观察比较冷静客观,但不易深入。

大多数情况下,幼儿园教师采用的是参与式观察。因为教师既是教育教学活动的组织者、开展者,同时也是幼儿行为的观察者和回应者。这样的观察无法完全脱离所在的教育场景,无法完全以局外人和旁观者的身份进行观察。

3. 按照观察对象的数量,分为个别观察和群体观察

个别观察是对某一个体做专门观察的方法,这是一种最简单、最直接的观察方式。它具有启蒙和

---

① 杨瑾若.幼儿同伴支配——服从型互动行为研究[D].南京:南京师范大学,2004.

试点的作用,也适用于特殊个体(如天才幼儿、孤独症幼儿、多动症幼儿等)的研究。群体观察指研究者的观察对象是群体,记录这一群体中发生的各种活动。

案例1-2　个别观察——《小人国》纪录片(30：38—32：33)

锡坤投鞋的片段：

锡坤抱着足球,跌跌撞撞地跑向树旁的垃圾桶。垃圾桶很高,他把球抵在垃圾桶上,先回过头看了看,再转身,用右脚踩垃圾桶的踏板。他试着把球投到垃圾桶里,但因为垃圾桶太高,球从垃圾桶沿上滑下,落到地上,滚到了远处。锡坤跑向球,抱着球回到垃圾桶处。他双手抱球,把足球扔向垃圾桶,但球又滚落到地上。他扑在地上,但没有拿到球,只好又跑向球,把球抱起,终于把球投进了垃圾桶,然后迅速跑着离开垃圾桶。

锡坤每只手各拿一鞋,又跑到垃圾桶旁。他把左手的一只鞋子递给同伴,自己用脚踩踏板,用左手扶着垃圾桶的边沿,踩了两次才将垃圾桶打开,然后把鞋子扔了进去。他跑回来,又拿一只鞋子扔进了垃圾桶。他再次回到鞋架旁时,将鞋子放入了一个篓子,然后用原来的方式,把鞋子连同篓子扔进了垃圾桶。扔完之后,他看了看四周的地上,把散乱在地上的鞋子捡了起来,扔到了垃圾桶里。最后,他使劲晃着垃圾桶,直到垃圾桶盖子合上。

案例1-3　群体观察——《小人国》纪录片(1：05：43—1：07：07)

户外同伴交往的片段：

自由活动时,亦洋与炳栋等四人一起活动,炳栋等三人或坐或跪在地上,亦洋站着说："我给你们来个标准的。"边说边做起了俯卧撑的动作。看到亦洋做了两个俯卧撑后,其他三人纷纷趴下做俯卧撑,边做边看亦洋的动作。

亦洋趴在地上做匍匐前进,炳栋等三人趴在亦洋的后面,亦洋对炳栋说："你往后一点。"炳栋拍了拍亦洋的屁股,亦洋用手拍了一下炳栋的手,说："你别打我屁股呀!"炳栋说："我帮你拍土呢。"他指了指亦洋的屁股,"你看你屁股上!"亦洋回头看了看屁股,拍了拍后继续匍匐前进,炳栋等三人跟在后面。亦洋说："好,起来。"大家就一起站起来。亦洋平举双手并聚拢,面对炳栋等人说："站成队。"其他三人自觉向后转并排队,炳栋站歪了,亦洋上前掰着炳栋的胳膊,让他立正。炳栋笑着不动,亦洋笑着对他说："你给我清醒点,我敲三下你的头。"边说边假装做敲头的动作并配音"当当当"。"你给我清醒点儿。"亦洋继续掰炳栋,让他们站成一队,炳栋用手摸亦洋的脸,亦洋笑着抓住他的手继续让他们排队,并指挥他们"向前看齐"。排好队后,亦洋站在队伍的最前面。随着亦洋的口号——"跑步走,一二一",四名幼儿一起绕着屋子跑起步来。

4. 按照记录方法,分为描述观察、取样观察和评定观察

依据不同的记录方式,通常将观察分为描述观察、取样观察与评定观察。

(1) 描述观察

描述观察是指在观察过程中,观察者详细观察记录幼儿连续、完整的活动事件和行为表现的一种观察方法。日记描述法、轶事记录法、实况详录法等都是描述观察。例如,通过日记式记录法,观察记录了学前儿童从出生开始的成长情况。又如案例1-4,观察记录游戏开始时幼儿提出问题和寻求解决的话语。

案例1-4　游戏中的问题

游戏开始了，幼儿自主选择了喜欢的游戏，不一会儿就有幼儿来找教师提出各种问题寻求解决，在30分钟的游戏过程中出现了如下问题。

问题1："老师，我没有刀。"

问题2："老师，理发店的灯掉下来了。"

问题3："老师，我要大便。"

问题4："老师，媛媛要当娃娃家的妹妹，已经有人当了。"

问题5："老师，帮我提裤子。"

问题6："老师，医院的窗口没人。"

问题7："老师，你看我用床单包孩子，看！"

问题8："老师，给你。"说完把刚买来的一包茶送到教师手里。

问题9："老师，我要小便。"

描述观察是观察方法中最早期的一种方法，当成人（主要是父母）想对孩子的行为进行记录时，描述观察就产生了。描述观察保持了行为事件发生的本来顺序和真实面貌，获得的资料完整、自然、真实生动。有的是对幼儿一段时间成长经历的描述，有的是对某一事件中幼儿行为的记录，无论是哪一种，都保存了幼儿连续、完整的行为。但是因为描述观察注重记录的完整性，往往会花费较多的人力、物力，这样就会限制样本的数量，使得个案有限。而且由于资料的呈现方式均是描述性的文字，难以做到量化分析，更显得费时费力。

幼儿教师在实际工作中最常用的是描述记录，特别是轶事记录、日记描述，有关内容详见本教材第四章。有关实况详录这一叙述性方法的介绍可查找"学前教育科研方法"课程中的有关内容。

（2）取样观察

取样观察不同于描述观察，是指依据一定的标准选取被观察对象的某些活动和行为表现，对其进行观察记录，或者选择在特定时间内发生的行为进行观察记录的一种方法。当我们希望对幼儿正在发生的行为进行取样，而不是记录某段时间内发生的一切时，那么取样观察是非常有用的。取样观察不是遵循行为发生的顺序，而是按事先选定好的顺序进行。观察者要在观察前做好大量准备工作，包括确定观察内容、安排观察时间等。常见的取样观察包括时间取样观察和事件取样观察两种，有关其具体内容见本书的第五章。

案例1-5　取样观察法

时间取样：

观察者在15名幼儿中观察他们的攻击性行为及其发生的频率。时间定在上午9∶00—10∶30之间，持续一个半小时。观察者在该时段进入幼儿活动场景中，进行观察和记录。观察者将这90分钟时间平均分配到这15名幼儿身上，每个幼儿将被观察6分钟。为了要取得相当具有代表性的行为，观察者在一星期内重复这整个过程3次。观察结束后，每个幼儿会有3次6分钟的行为记录[①]。

事件取样：

观察者在15名幼儿中观察他们的攻击性行为及其发生的频率。时间定在上午9∶00—10∶30，

---

① 施燕，韩春红.学前儿童行为观察［M］.上海：华东师范大学出版社，2011.

持续一个半小时。观察者在该时段进入幼儿活动场景中，进行观察和记录。在这个时段内，只要这15名幼儿发生攻击性行为，就将被记录。观察者在一星期内重复这整个过程3次。最后的记录资料是在这3个90分钟内，有无发生、共发生了多少次攻击性行为。

如同前述，取样观察是对预先选定的行为进行观察，大大提高了观察的针对性，省时省力。由于其省时省力，取样观察比较适用于对群体幼儿或大样本进行观察。例如案例1-5中，可以同时观察15名幼儿的攻击性行为，甚至更多。取样观察同样有其不足之处。例如，在时间取样观察中，观察记录者往往只记录了要观察的行为有没有发生、发生的频率是多少，很少有该行为发生的前因后果，在对群体大样本的观察中更是如此；所以记录的资料不够完整、详细，也就很难进行深入分析。

（3）评定观察

评定观察是观察者在对幼儿观察的基础上，对其行为或事件做出判断的一种方法。行为观察的本质应是在现场对幼儿进行的观察和记录。虽然从这一意义上来说，评定观察似乎并不属于行为观察的范畴，但是评定观察之所以能实施，是因为它是建立在观察者对被观察者平时观察的基础上的，而且往往不是一次观察，是在多次观察的基础上。所以，一般都将评定观察作为行为观察的方法之一。评定观察最常见的有行为核对和等级评定两种，以下简单呈现行为评定表（见表1-1），有关其具体内容可见第六章。

表1-1　幼儿生活卫生行为评定表

幼儿行为	一直如此	经常如此	有时如此	从不如此
独立上厕所				
饭前便后洗手				
勤洗澡、洗头、剪指甲				
吃干净的水果				
主动喝开水				
勤换衣服				
不吮吸或咬手指				
及时使用自己的毛巾				
独立进餐				
不偏食，不挑食				
餐后主动擦嘴、漱口				
餐后保持桌面干净				
有良好的作息习惯				
睡姿正确，不蒙头				
不尿床				
能独立穿脱衣服、扣纽扣				
及时收拾玩具				

评定观察的优点在于比较方便设计和使用。相对于运用文字的描述,评定观察往往只是用数字或其他符号来做记号,便于观察者填写,在使用时也就节省人力和物力。此外,因为评定观察是运用表格符号的记录,所以相对于运用文字记录的方法,更方便分析材料。评定观察的缺点在于评定结果是由观察者的主观判断来评定的,观察者较难掌握评价尺度。在使用这种方法的过程中,观察者容易带有一些主观偏见,所以不太客观。例如,评定者很可能会高估或低估被评定者,也可能因为对评定表中所用的词汇术语理解不一致,导致不能准确地评定。另外,因为运用评定观察的方法得到的只是量化的结果,所以很难对行为的原因等进行分析。

5. 按照观察的持续时间,分为单次即时观察和多次连续观察

单次即时观察是在较短的时间内对幼儿行为进行的观察,目前在学前教育领域进行的大多数的观察都是单次即时观察。单次即时观察可以在较短的时间内对幼儿获得一个即时的了解,观察者的时间和精力相对集中。单次即时观察的缺点是只能对被观察者获得一个片刻的印象,难以获得较全面、深入、整体性和过程性的了解。

多次连续观察是连续不断的、在较长时间内对幼儿行为进行的观察。例如日记式记录法就是一种长期观察的方法,观察者可以对被观察者进行少则几个月,多则几年甚至十几年的观察。多次连续观察由于对被观察者观察的时间比较长,所以可以比较全面、细致地了解被观察者的行为,也不会干扰被观察者的正常生活。例如,"中国现代幼儿教育之父"陈鹤琴对其子一鸣进行了长达808天的深入观察,其传世名作有《家庭教育》《儿童心理之研究》。

第二节 观察是幼儿园教师的必备能力

教师作为幼儿行为观察者的这一角色,在2012年教育部颁布的《幼儿园教师专业标准(试行)》中得到了强调,这一文件中3次提到了观察,其具体表述为"掌握观察、谈话、记录等了解幼儿的基本方法和教育心理学的基本原理和方法""在教育活动中观察幼儿,根据幼儿的表现和需要,调整活动,给予适宜的指导""有效运用观察、谈话、家园联系、作品分析等多种方法,客观地、全面地了解和评价幼儿"。

2021年颁布的《学前教育专业师范生教师职业能力标准(试行)》提出,学前师范生应"掌握教育理论的基本知识和3—6岁幼儿身心发展特点、规律,具备观察、分析与评价幼儿行为的能力""学会观察分析幼儿的游戏,支持幼儿在游戏活动中获得身体、认知、语言和社会性等多方面的发展""学会运用各种适宜的方式实施教育活动,鼓励幼儿在活动中主动探索、交流合作、积极表达,能够有效观察幼儿在活动中的表现,并根据幼儿的需要给予适宜的指导""了解幼儿园教育评价的目的与方法,运用观察、谈话、家园联系、作品分析等多种方法,了解和评价幼儿"。通读这些语言我们可以发现,观察被提到了4次,这也明确了学前师范生应该具有幼儿行为观察的能力。

由此可见,观察是幼儿园教师、学前师范生的专业必备能力,也是核心素养之一,这是由幼儿行为观察的特殊价值以及教师日常工作的特点决定的。

一、幼儿行为观察的价值

在幼儿教育实践中,观察幼儿的行为正在发挥着重要作用,未来也将会起到越来越大的作用。运用幼儿行为观察,主要有以下三个方面的价值与功能。

(一)了解幼儿的发展水平

采用观察的方法,可以深入了解幼儿的发展水平。观察是评估幼儿发展的主要手段,对幼儿发展进行评估,首先要了解幼儿。幼儿教师有条件对幼儿进行大量的观察,并可以从中获取大量信息来作为评估依据。教师通过观察得到的关于幼儿发展的第一手资料,是对幼儿进行有效评估的前提,是教育教学设立目标的基础。教育目标的确定来源于对幼儿的全面观察评估,同时也随着观察的结果不断改善。

首先，通过观察可以了解幼儿的经验水平。幼儿在与教师、同伴、材料、环境、家长等的互动过程中，不断地获取经验。由于经验的获取是个体自我内化的过程，因此教师如果能深入到幼儿中去观察他们的言行，倾听他们的交谈，就能不同程度地了解幼儿获得的各种经验的内容、来源以及对幼儿产生的影响。

其次，通过观察可以了解幼儿的能力发展水平。虽然教育科学研究的不断完善以及现代教育科学技术的发展，已经为我们提供了了解、测查幼儿发展水平的各种方法，但是观察仍然是教师和研究者获得幼儿个体和群体信息的主要途径。在幼儿园，对幼儿能力发展水平的了解，一般是通过等级评定考察和观察两种途径进行的，但是对从事教育实践的教师来说，观察比正式的等级评定考察要简便易行，而且更能真实反映幼儿的客观状况，更能全面了解幼儿能力发展的水平。

再次，通过观察可以了解幼儿的心理需求。观察不但可以使我们了解幼儿在语言表达、身体运动、社会性、认知等方面的发展状况，还可以让我们通过对幼儿外部行为特征的分析，深入了解幼儿的心理状况。一般来说，幼儿的心理变化往往能通过语言、表情、动作等方式表露出来。

最后，通过观察还可以了解幼儿个体的学习方式。幼儿因其生理、心理基础以及受教养方式的不同，兴趣、习惯和学习方式也有所不同。教师需要通过细致的观察来了解幼儿的兴趣、同伴交往方式、与材料相互作用的方式等学习特点，从而根据幼儿的特点实施有效的教育。

因此，对于幼儿教师来说，观察幼儿行为可以获得幼儿发展的第一手资料，了解幼儿的兴趣、爱好、理解水平和发展需求，进而形成对儿童的认识与教育教学的思考。观察幼儿行为是提供真实具体信息的重要途径，能够使我们在众多信息中去伪存真，找到幼儿最真的需求，更全面地了解幼儿的能力，发现问题，继而找到促进幼儿发展的策略。

（二）促使教师更好地开展保教活动

如何使课程满足幼儿的需求和兴趣，很重要的一点就是要观察、了解幼儿。教师在教育过程中有目的地观察幼儿，关注幼儿的谈话、讨论（如幼儿在活动中提出的疑问、幼儿争论的焦点、幼儿近期相对关注的话题等），可以了解他们的兴趣、需求。教师关注幼儿的学习方式、学习需求以及学习程度，能够从中发现有价值的活动线索，从而有助于开展有价值的教育活动。

幼儿园教育活动是有目的、有计划的教育过程。教师的教育计划应当将幼儿当前自身的需求和学科知识、社会需求三者结合起来。从实践层面来说，课程计划可以从幼儿和成人的生活中，特别是从幼儿自身的生活经验和兴趣中"生长"出来，因为幼儿需要一个能够让他们自由游戏和学习的空间。意大利瑞吉欧的方案教学、美国的高瞻课程等在幼儿园成功实施的课程模式就是典型案例，这些案例都会通过观察法来了解幼儿。任何观察活动都可以让观察者获取大量信息，但观察者从不同角度获取的信息，其价值是不同的。因此，观察者首先应根据观察目的，选取合适的观察角度，以获取有价值的信息去分析问题、解决问题。

一般来说，教师在看出幼儿行为发展的水平和特点后，就已经开始了评价，这种评价更关注过程而非结果。但教师的评价不是为了分出好、中、差，而是为了使幼儿园更好地开展保教活动，促进幼儿发展。

（三）促进教师专业发展

一方面，幼儿行为观察的目的并不是传统意义上的评价幼儿、面向过去，而是改进教师的保教工作，是面向未来的。在观察的过程中，我们的目的是改进教师乃至整个托幼机构的保教工作。另一方面，因为幼儿行为观察的过程本身就是一个教师参与研究的过程，教师参与研究是教师专业发展最重要且最有效的途径之一。

作为教师，要将观察幼儿作为自身参与研究，改进教学，反思教育理念和教学行为，感悟和提升自己教育教学能力的手段。观察幼儿、了解幼儿是成为一名能经常反思自我教学实践的反思型教师的基础。

教师可以通过观察获得有关资料，通过对所收集资料的分析，反思自己的保教活动实践。例如，对班级的环境布置进行反思，对安排的教学活动进行反思，对区角游戏材料的投放进行反思等。好的教师也经常观察其他教师的教学实践，而不是简单地评判，且这些观察中包含着对其他人某项工作是否有效的思考。幼儿教师还可以根据自己的实际需求，有针对性地观察幼儿的活动，从而获得实践知识，吸取他人的经验改进自己的保教技能,提升自己的专业素养。

　　表1-2是一位幼儿园教师撰写的幼儿户外行为观察记录,表格中的内容极为丰富,不仅包括了教师看到了什么(活动实录),更是细致分析了幼儿的参与程度、幼儿发现的问题、幼儿的解决方法、教师的支持策略、幼儿的变化,最后还对幼儿的行为进行了整体的评价与总结。从这些内容中我们可以发现,借助观察,教师不仅仅看到了幼儿的具体行为表现,更是在此基础上进行分析、讨论、反思。这些分析、讨论和反思,需要教师不断地追问自己和琢磨幼儿的行为,并将以往学习的理论和当前的观察相结合。在这个过程中,教师也获得了专业发展。

表1-2　幼儿户外学习观察表 [①]

观察时间	2022年10月26日		观察地点	冒险岛
观察对象	思思(4岁9个月)、闻闻(4岁8个月)			
活动主题	摘石榴		记录人	严靓丹
活动环境	物质环境:山坡旁长着几棵石榴树,石榴熟了,长得矮的石榴都被摘走了,还剩一些长得高的石榴挂在树枝上。 心理环境:掉落在树下的石榴很甜,幼儿都很想吃。			
活动材料	剪刀、篮子、沙袋、梯子、油桶、轮胎(梯子靠在石榴树边上的围墙上,提示幼儿可以使用梯子摘石榴;轮胎、沙包堆放在油桶旁边,暗示幼儿可以组合使用工具摘石榴)。			
活动核心经验	1. 能将工具合理组合,解决实际生活中的问题。 2. 积极试错,不怕困难,敢于挑战自我。			

活动实录

　　幼儿园的石榴熟了,教师捡了一个带回班级给幼儿品尝,大家尝完都说酸酸甜甜很好吃,还想再去摘。

　　思思来到石榴树下,抬头看了看,又把手举高跳了跳,发现石榴太高够不到,就往山坡上走。思思跑到墙边,想要搬一架梯子。她双手抓住梯子往上抬,试了三次都没能抬起来。闻闻跑过来说:"我来帮你吧。"说完,闻闻和思思两人抬着梯子来到石榴树下。思思:"你把梯子靠在树上。"闻闻把梯子的一端靠在树上。思思把梯子的另一端放了下来,然后走上前调整了梯子的位置。"我爬上去摘石榴,你在下面帮我扶一下梯子。"思思对闻闻说。"好!"闻闻回答。思思手扶着梯子慢慢爬了上去,踮起脚尖摘下了最低的一个石榴,回头对闻闻说:"这个先给你,我再摘一个。"思思踮起脚尖去够另一个石榴,失败了,她又爬上一个台阶,高度还是不够。"太高了,我摘不到。"思思说着下了梯子。"我来试试。"闻闻爬上梯子最高的台阶,小手举高跳了一下,还是没有够到。"你快下来吧,太危险了!"思思说道。

　　朱老师路过对他们说:"能不能用什么东西把梯子垫高一点?""那里有轮胎。"思思说着就跑去拿轮胎了。"我也去。"闻闻跟着思思一起去拿轮胎。两人拖着两个轮胎回来了,思思把两个轮胎垒在一起放在树下,再把梯子架在轮胎上。"我来试试。"闻闻说着爬上了梯子,刚爬了两个台阶,梯子就摇摇晃晃滑下了轮胎,思思立马扶住梯子,闻闻才没有摔倒。"这个轮胎太滑了,根本撑不住。"思思说,"你看,他们把沙包垫在下面好像可以。""那我们也试试。"两人拿回了三个沙包,把两个放在底下,一个垒在上面,再把梯子架在上面。"这下应该行了吧。"思思一步一步往上走,闻闻扶好梯子,抬头看着思思:"你慢一点。"思思走到最高一级台阶,右手向上一够就摘下了石榴。"我们成功啦!"思思和闻闻拿着石榴开心地跳了起来。

幼儿的参与程度:

　　幼儿喜欢摘石榴活动,情绪愉悦。活动全程20分钟,幼儿专注于解决摘石榴问题持续了16分钟。幼儿积极进行探究活动,有3次进阶探究行为,能勇于试错,失败后也不气馁。

幼儿发现的问题:

1. 树太高,摘不到石榴。
2. 梯子不够长,摘不到高处的石榴。
3. 手不够长,摘不到离树干远的石榴。

幼儿的解决办法:

1. 自主探究。发现靠在墙边的梯子,将梯子靠在树干上,爬上梯子摘石榴。
2. 积极试错,与材料互动。先将轮胎垒高做底,发现太滑,梯子撑不住;后将沙包垒高做底,梯子垫在沙包上增加高度,一名幼儿扶住梯子,一名幼儿爬上去摘石榴。
3. 同伴讨论。幼儿在材料存放处相互讨论计划后,选择将油桶放在石榴的下方,再把沙包垫在油桶旁,一名幼儿扶住油桶,一名幼儿借助沙包爬上油桶,站在油桶上摘石榴。

教师的支持策略:

1. 材料暗示,事先将梯子靠在石榴树边上的围墙上。
2. 语言引导,提问:"能不能用什么东西把梯子垫高一点?"
3. 材料暗示。将轮胎、沙包堆放在油桶旁边,暗示幼儿组合使用工具摘石榴。

　　[①]　案例提供者:江苏省无锡经开文颐幼儿园严靓丹。

续　表

"那个石榴好红，好大呀！我们把它摘下来吧！"闻闻说。"那个石榴好远，我够不到。"思思说。"我们去找根竹竿把它打下来吧！"闻闻说。两个人跑到材料存放处，发现没有竹竿。"能不能用这个油桶，我站到油桶上去摘。"闻闻说。"这个油桶有点高，你能爬上去吗？"思思说。"我来试试看。"闻闻说着，两只手抓住油桶上端两侧，双手向上撑，右腿试图爬上油桶。可是油桶太高了，闻闻试了几次都没爬上去。"这旁边有沙包，垫着沙包爬上去吧。"思思说。闻闻踩着沙包，很容易就爬上了油桶。尝试成功后，他们一起把油桶滚到了石榴树下，再分两次把沙包也堆到了油桶旁。思思帮闻闻扶着油桶，闻闻踩着沙包爬上了油桶，站起来摘了两个大石榴，他们一人拿着两个石榴开心地回班级了。

幼儿的身心变化：
1. 身体上，幼儿动作协调、灵敏。能双脚交替爬梯子，能借助工具爬上1.2米的高台。
2. 经验上，能简单组合2种工具解决生活中的问题。
3. 情感上，敢于挑战自我，不怕困难，认真专注解决问题。

评价与结论——基于自身认知理论

1. 摘石榴的真实情境引发了幼儿的具身学习

在具身学习过程中，学习者需通过置身情境感知、体验情境的氛围与信息，从经历情境过渡到自我建构。摘石榴的真实自然情境，让幼儿调动视觉、嗅觉、味觉、触觉多感官参与到活动中，真实而愉悦的体验感激发了幼儿强烈的活动兴趣，引发了幼儿的具身学习。幼儿在动手解决"如何摘到石榴"问题的过程中不断自我建构，逐渐掌握了工具的简单组合用法。

2. 教师提供的丰富工具满足了幼儿具身学习的需求

促进学习者身体与认知对象、环境发生有效的互动，是具身学习成功的关键。教师提供了具有挑战性、进阶性和暗示性的活动材料。幼儿在与环境和材料的互动中不断深入探究工具的组合方式，从单独使用梯子，进阶到组合使用梯子和沙包，再进阶到组合使用沙包和油桶。具身学习环境不是静态的，而是动态的，教师提供了丰富的工具，幼儿可以自由组合工具，不断试错，创造出新的组合方式。这样的学习方式充分满足了幼儿具身学习的需求。

3. "摘石榴"活动使幼儿的学习水平达到更高阶段

具身学习可以看作心智、身体、环境建立平衡的动态过程，将三者之间的平衡打破后，通过学习达到更高水平的平衡。幼儿在具身学习的环境中打破心智、身体、环境的平衡，不断挑战自我，经验上掌握了工具的简单组合使用方式，身体上提高了攀爬动作的协调性，心理上增强了自信和胆量，整体学习水平达到更高阶段。

二、幼儿行为观察与教师日常工作的关系

教师对幼儿行为的观察能力是其专业素养之一，也是专业必备能力之一，它与教师的日常工作有着千丝万缕的联系，也是教师完成诸多笔头工作的基础。

（一）幼儿行为观察与观察记录的撰写

在平日工作中，幼儿园教师要为幼儿撰写个案观察记录、游戏观察记录、教学观察记录和反思等材料，这些都依托教师对幼儿行为的观察。

幼儿个案观察记录是幼儿园教师对幼儿学习和发展状况进行观察与评价的一种重要方式，其做法是教师记录幼儿在园期间的一段行为表现，并运用自己的专业知识和教育教学经验对幼儿的学习与发展情况给予分析和判断[①]，进而形成一定的教育教学策略。

游戏是学前儿童的主导活动，幼儿在游戏中的表现最为真实。要了解学前儿童的游戏行为，主要的方法是观察。教师采用合适的方法细心观察幼儿的行为有着非常重要的价值，教师在游戏中能观察到通过测量无法了解的行为。例如，幼儿喜欢什么游戏，他们偏爱什么玩具，喜欢在什么地方进行游戏，他们偏好参与什么主题的游戏，在游戏中怎么和同伴交往……这些包括了幼儿认知和社会性发展的宝贵信息。

教师将观察幼儿作为自己参与研究、改进教学的手段，反思自己的教育理念和教学行为，从而提升自己的教育教学能力。一名好的教师能经常反思自己的教学实践。成为一名真正的反思型教师，观察是基础。教师可以利用观察工具、观察方法（包括行为核对法、等级评定法、轶事记录法、实况详录法等）进行观察，获得有关的资料，通过对所收集资料的分析，反思自己的教学实践。

可见，教师日常工作中各类观察记录的撰写不是凭空而来的，也不是教师向壁虚构的。有价值和

---

① 张司仪.教师撰写"幼儿个案分析"情况的研究[J].幼儿教育,2013(33):12—16.

意义的观察记录的撰写,有赖于教师对幼儿行为,以及对自己组织的游戏、教学、生活等诸多活动的如实观察和记录。也只有这样的记录和反思,才是面向自己实践的真记录、真反思和真思考,后期提出的教育对策或改善幼儿行为的建议才有针对性和可操作性。

（二）幼儿行为观察与评语撰写、成长档案袋制作

每当学期结束,幼儿园教师都要做一项常规工作,即给幼儿写评语。评语是教师通过描述性和判断性语言,对幼儿在园一学期或一学年以来各方面发展状况所做的终结性评价。观察记录有助于教师对幼儿行为的评价,让撰写的评语"有血有肉"。《纲要》指出:"平时观察所获的具有典型意义的幼儿行为表现和所积累的各种作品等,是评价的重要依据。"幼儿评语撰写的准备和素材的积累应该融合在日常工作中。教师可以定期撰写幼儿观察记录,制作成长档案册,帮助幼儿将反映其重大进步或有纪念意义的资料记录在其中,如幼儿得意的手工作品、喜欢的书或故事、印象深刻的学习事件、与同伴或教师互动的趣事等。在撰写幼儿学期评语时,教师可以将这些特别的表现和具体的事例作为撰写评语的依据,这样会让评语更加生动、形象,易被家长理解①。

成长档案,顾名思义,是关于幼儿成长过程的详细记录。档案中的内容可以包括幼儿行为观察记录表、幼儿的口述日记、美术作品等。教师对幼儿行为的观察记录可以成为成长档案袋的一种具体形式。教师的观察记录可以是系统化、结构化的记录,如幼儿在学习了某个技能以后的表现;也可以是随意的趣闻类记录,如幼儿说的一些有趣的话、提出的一些在大人看来很滑稽的问题;等等。前者主要记录幼儿在预定目标上的进步情况,而后者则是对幼儿自发行为的记录。与系统化记录不同的是,随意的趣闻类记录并没有经过事先设计,而是捕捉一些有趣的事件并配上照片。二者虽然指向不同,但在幼儿成长中都具有重要的保留价值。

（三）幼儿行为观察与教师的教科研工作

当今社会对幼儿教师的要求越来越高,要求教师成为研究型或者反思型教师。一个好的教师不仅要会带班、组织活动、开展教学活动展示,还要开展或参与教科研工作、发表论文。幼儿行为观察恰恰是教师收集研究资料、素材,撰写研究报告,发表论文的基础。很多幼儿园教师都是依据自己平时对幼儿行为的观察,有了思考和积累,再结合一定的理论,进行深入分析和探讨,撰写成规范的论文并加以发表。例如,本书作者曾发表过《由"幼儿园不好,幼儿园不让想家"想到的……》一文,这一文章从作者在幼儿园进行观察时记录的一个片段开始,这一观察实录引发了作者对于幼儿为什么想家、幼儿是怎么思考的、不让想家会对幼儿产生什么影响、如何对待幼儿的想家现象等系列问题的思考。

幼儿园也要开展教科研活动。比如,每周都要进行园本教研,有时候也要申报教科研规划项目;一线的教科研工作应该针对保教工作中的现实需求与问题进行探索和研究;在教科研开展的过程中,应该主动收集分析相关信息,不断进行反思,改进保教工作……保育教育实践中的疑惑和问题,恰恰也需要教师对自己园所和班级的幼儿、环境、材料、课程等诸多因素进行观察才能有所发现。在推进教科研活动开展的过程中,也需要教师不断地观察、反思、调整,再观察、反思、调整,这自然也脱离不了教师的观察能力。因此,观察也是幼儿园开展教科研活动的基础。

（四）幼儿行为观察与家园工作

家长是教师的合作对象,家园沟通能力也是教师的基本能力之一。有不少教师,特别是新手教师害怕和家长沟通,因为不知道如何与家长进行沟通,应该和家长沟通些什么内容。也有一些教师在面对家长"我家孩子在幼儿园怎么样?"之类的询问时,习惯做出"挺好的""你放心"之类的回答。这种回答让家长感觉敷衍,甚至恶化家园关系。其实对家长来讲,他们最在意的是自己孩子的表现、教师有没有关注到自家的孩子,而这些问题恰恰是行为观察能够解决的。

作为教师,我们每天和幼儿生活在一起,是幼儿行为的参与式观察者,能看到他们大量真真实实的行为表现。这些行为表现或是幼儿的进步,或是一定程度的退化,或是他们发展中存在的问题;这些行

① 王晓芬.幼儿学期评语,评的是什么[N].中国教育报,2018-02-11(002).

为或是幼儿某个领域的发展,或是与同伴或者教师的交往……无论是什么,都是我们真实看到的幼儿表现,这些行为表现恰恰是与家长进行家园沟通的内容来源。为此,教师可以把自己看到的幼儿行为以文字、视频、照片、讲述等多种方式与家长沟通,这也为良好家园关系的建立奠定了基础。

第三节　幼儿行为观察与指导的开展

微 课

幼儿行为观察与指导的开展

2022年2月,教育部印发《幼儿园保育教育质量评估指南》(简称《评估指南》)。《评估指南》聚焦幼儿园保育教育过程及影响保育教育质量的关键要素,围绕办园方向、保育与安全、教育过程、环境创设、教师队伍5个方面提出了15项关键指标和48个考查要点。在《评估指南》中,与幼儿行为观察紧密相关的条目有:"27. 认真观察幼儿在各类活动中的行为表现并做必要记录,根据一段时间的持续观察,对幼儿的发展情况和需要做出客观全面的分析,提供有针对性的支持。不急于介入或干扰幼儿的活动。""29. 善于发现各种偶发的教育契机,能抓住活动中幼儿感兴趣或有意义的问题和情境,能识别幼儿以新的方式主动学习,及时给予有效支持。"对这两条内容进行仔细阅读后可以发现,幼儿行为观察的基本步骤可浓缩为4个环节,即观察或者发现、记录或者抓住情境、分析或者识别、支持。

的确,幼儿行为观察与指导是一个过程,需要准备、实施与记录、分析、提出建议,也需要教师具备一定的专业能力。以下分4个步骤展示了幼儿行为观察与指导的过程,这个过程是所有观察的基本或者一般过程,但每种具体的幼儿行为观察与记录法还有特有的注意事项,这些将在第四章、第五章、第六章中进行详细解释。

一、观察前的准备

通常来讲,观察准备是否充分,往往影响观察的成败。只有做周密的观察准备,才有可能准确地收集材料。

(一) 确定观察对象

观察往往很难面向全体对象,需要加以取样,即确定观察对象。观察对象可以是一部分团体,也可以是个人,但必须是明确的。至于是观察团体还是个体,取决于观察者的目的。

如果观察目标是个案幼儿,那么教师可以从以下三个方面来选择[①]。

1. 从重要的偶发事件、具有里程碑意义的事件中选取

教师每天面对幼儿,印象深刻的事情往往是重要的偶发事件以及具有里程碑意义的事件。这些事件中的幼儿,常常成为教师关注的对象,新教师不妨从这里入手,选取事件中的幼儿作为目标幼儿。重要的偶发事件有很多,其中一些需积极处置或加以预防,比如打人、说脏话、说谎等,这有助于形成良好的班级氛围。具有里程碑意义的事件,是幼儿行为变化的转折点,比如第一次在集体活动中公开表达自己的观点,第一次有了分享行为等。关注这两类事件,可以顺利锁定目标幼儿。

2. 从集体活动中选取

集体活动是幼儿园的重要活动组织形式。在集体活动中,大部分幼儿都能表现出高度的积极性,这就为我们观察记录提供了丰富的内容。也有一些幼儿常常会出现不说、说不好、不做、做不好、坐不住、走神、听不懂教师要求、听懂了不执行等情况。教师在发现这些情况后,要及时关注幼儿,及时了解幼儿行为背后的原因和需求,以便更好地在集体教学中注意到个体差异和个性化需求。因此,在集体活动中,选定目标幼儿进行个别观察也较有意义。

3. 从容易被忽视的幼儿中选取

班级中不是所有的幼儿都会"出现"在教师的视线中,原因在于教师常忙于应付一日生活环节和

---

① 王烨芳.学前儿童行为观察与分析［M］.南京:江苏教育出版社,2012.

集体教学,还不能顾及班上的每个幼儿。那些沉默的、乖巧的、配合教师指令的幼儿容易被忽视,这类幼儿同样希望自己被关注、被支持、被认可,教师同样应投以关注的目光。

(二)明确观察目的

在一日生活中,每天会发生很多事,每个幼儿都在活动或者发生变化。对教师来说,明确观察目的将使观察有的放矢。在进行观察时,我们首先应明确要观察些什么,即确定观察目的,这样可以避免视而不见、见怪不怪、遗漏要点等问题。比如,一群幼儿在户外游戏这一场景中,不同的人看到了不同的内容——有人看到了幼儿正在合作开展游戏;有人看到了某幼儿骑三轮车的时间太长,不能够与同伴分享;有人看到了某幼儿站着看别人玩游戏,却没有真正参与游戏。这是由没有明确的观察目的导致的。

有了明确的观察目的,才能确保观察资料的真实性、准确性和客观性。教师可以选择幼儿行为的不同领域,如可以从幼儿的身体动作、语言、认知、社会性、情绪情感五个方面中选取一个或几个方面进行观察;还可以选取较小的角度进行观察,如幼儿社会性发展中的同伴互动、亲社会行为、攻击性行为、分享行为等。观察目的的确立,可以从以下三个方面入手。

1. 从探究幼儿行为问题的原因角度入手

在平日的教育教学中,我们往往会遇到一些较为特殊的幼儿,他们可能爱打人、吃饭慢、注意力有待提高……对于这些幼儿,可以从探究问题行为产生的原因角度确立观察目的。如,豆豆爱打人,这是幼儿的行为问题。为了了解豆豆打人这一行为的表现和原因,可将观察目的设定为:观察豆豆与同伴发生冲突时表现出的语言、动作和情绪。

2. 从参照幼儿发展里程碑的知识角度入手

比如,3—4岁幼儿的社会性发展目标是:喜欢与同伴一起游戏,学习分享、等待与轮流,体验与教师和同伴共处的快乐。那么,教师想对圆圆这一幼儿的社会性发展状况进行观察和评价时,设定的观察目的可以是:圆圆与他人交往时,是否一起分享物品,适时等待、轮流;圆圆在交往时的情绪情感表现如何。

3. 结合发展侧重点

不同年龄段幼儿发展侧重点不一样。例如,小班以入园适应、自理能力、大肌肉运动、语言,即生活劳动、感官训练等为主;大班以社会性培养、科学探索、入学准备等能力培养为主。教师可基于此来设定观察目的。

(三)选好观察时间

案例1-6 观察时间选择失败

某教师想观察一幼儿语言发展情况。由于工作繁忙,下午4:00左右大多数幼儿离园后,教师才找到时间做这个观察。这时,这名幼儿正在图书区专心致志听一成人讲故事。她吮着手指,蜷着身子躺在垫子上。为实施计划,该教师和幼儿对话,但幼儿未对教师的提问做出任何回答,只能放弃观察。

选择适宜的观察时间是完成观察的基本条件。时间选择不恰当,自然影响观察的真实性与有效性。由案例1-6可见,该教师选择的观察时间是错误的,因此没有收集到自己期望的信息。人在一天的不同时间对环境和经验有不同反应,为此研究者要依据观察点和目的来确定时间。如果要观察游戏的交往行为、区域活动是否受欢迎,自然应该选择幼儿的游戏时间段来开展观察。上述案例想了解幼儿的语言发展状况,自然应该选择游戏活动、户外活动等环节,因为这样的环节中幼儿的语言表达机会多,在这些时间段观察才能最好地分析其语言发展状况。

(四)选择观察记录方法

幼儿行为观察的记录方法多种多样,包括图表法(追踪、社会交往),抽样法(时间抽样、事件抽样、快照法），叙事法（日记法、个案记录法、轶事记录法等），等级评定量表，检核表。具体观察记录法会在第四至第六章中有详细介绍。当然，还有其他的一些观察记录方法，学习者可以查询更多的相关书籍。要注意的是，观察记录方法为观察目的和内容服务，也受到观察者能力、精力、记录数量等多种因素的影响。为此，到底选择哪种或哪几种观察记录方法需要综合考虑，切忌为了形式、花样而盲目选择。

（五）其他准备

其他准备包括仪器、观察记录表、人员培训、分工及应变措施等。

二、实施观察并做好记录

实施观察要注意看、听、问、思、记等相互配合，以达到最佳效果。① 观看。观看是最主要的方式，凡是与观察目的有关的行为反应和各种现象都要仔细察看。② 倾听。凡是现场发出的声音都要听，特别是观察对象的言语更要仔细听。③ 询问。内部观察时，观察者可面对面询问与观察对象有关的信息。④ 思考。开始从现场获取信息时就要进行思考、分析，随着观察活动的深入进行与观察资料的积累，逐步形成自己的初步看法。

教师对观察的记录，应该有一中心主题或观点，对事例的描述要具体、明确，能反映事情发生的详细经过。观察时要及时做好现场记录，记录时要遵循以下四项原则。

（一）客观性原则

观察到的信息通过观察者的感官被接收，往往会夹杂着观察者的主观想法，这是难以避免的。主观想法会使观察者在观察时较容易接收与主观相符的信息，而忽略相反或无关的信息，有时甚至会不知不觉地修改真实信息来支持自己的想法[1]。因此观察者必须时时反省自己是否带有主观情绪或成见，以求观察到的信息客观准确。

客观性原则要求观察者必须客观、实事求是地反映观察到的事实，既不能随意增减观察到的事实，又不能臆造一些不存在的事实。保持客观，要求观察者避免偏见和期望效应，也要求观察者记录时不能出现"攻击性强""乐于助人""善良"等评价性语言。行为观察和记录者可以询问自己如下问题：我是否如实记录了所发生的和所看到的？他人阅读的话，能否清楚了解我所观察的？我是否带有偏见性陈述或主观判断？

案例1-7　违反客观性的观察记录

一观察者对《小人国》纪录片中 7：50—12：50 的片段进行了记录，但他的记录主观、简单，违反了客观性原则和全面性原则。具体记录如下：在户外自由活动期间，亦洋与同伴一起玩耍，整个游戏过程当中亦洋的语气都带有命令的口吻；抢了同伴的玩具，当同伴要回玩具以及旁人劝解时，亦洋的表现很嚣张，对同伴大吼大叫，扬言要打人。最后，由教师出面才缓解当时的局面。

在案例1-7中，观察者对幼儿的行为进行了记录。从文字中可以发现，这段记录违反了客观性的原则。"带有命令的口吻""表现很嚣张""大吼大叫""扬言"等行为显然不是观察者看到的，而是观察者感觉到的。这种总结性的、判断性的话语不应该出现在记录部分。这则记录改进的方向是，观察者应该记录眼睛真实看到的、耳朵真实听到的而不是感觉到的信息。

（二）全面性原则

要根据观察内容将全部情况都记录下来，不能随便丢掉一些现象，否则就可能导致整个观察的失

---

① 李晓巍.幼儿行为观察与案例［M］.上海：华东师范大学出版社,2016.

败。在观察研究对象时,从空间上讲,要观察事物的各个方面、各个部分、各个层次;从时间上讲,要观察事物发展变化的各个阶段以及它的全过程。同时,要观察事物内部各要素之间以及该事物与外界其他事物的联系。

案例1-8　违反全面性的观察记录

"十一"过后,幼儿重返幼儿园,班级里的佳佳嚷着要妈妈,萱萱一边帮她擦眼泪一边温柔地对她说:"爱哭的宝贝,妈妈不喜欢哦!"

案例1-8记录了幼儿之间发生的有趣的故事,也是同伴间互动的真实表现,让我们看到了幼儿之间纯真的安慰互动。可惜的是,这一记录过于简单,之后的事件没有记录完整。比如,什么情况下佳佳嚷着要妈妈,具体表现是什么?萱萱安慰她后,佳佳又有什么表现?二人之间又有什么互动?佳佳后来怎么了,萱萱又做了什么?这些并没有被观察者所记录和呈现。因此,这一记录是不全面的。

(三)系统性原则

观察记录要按事情发展的时间顺序记录,不能随便颠倒。有序的记录不仅能为下一步的分析工作打下基础,而且有助于揭示出观察对象内部的联系和规律。观察记录者可以询问自己以下问题,以验证自己的观察是否符合系统性原则:我的记录是否与事件的发生顺序一致?我的记录是否围绕观察点进行?我是否记录了足够的信息,以便他人清楚地理解?我的记录是否存在不明确的地方?

案例1-9　违反系统性的观察记录

一观察者对《小人国》纪录片中7∶50—12∶50的片段进行了以下记录。

亦洋占领了院子里唯一一块干土。男孩陆续围到他的身边,申请加入的人都需经过亦洋的批准。亦洋在玩的过程中与栋栋发生了小矛盾,他抢走了栋栋的棍子,栋栋多次索要,亦洋都不予理睬,还威胁恐吓所有的人,包括老师,要将他们"斩成肉泥"。佳佳说要用纸飞机和玩具交换,亦洋也拒绝了,坚决不还给栋栋。

大李老师对亦洋说:"这是不对的,请还给别人,在这个世界上用暴力去征服别人的人是没有出息的,不可以用暴力,我相信你也不会用暴力。"她又对栋栋说:"亦洋是很好的人,他也很愿意将你的东西还给你,只要你坚持要就可以要到。"大李老师从亦洋的手中拿到了棍子,还给了栋栋。

案例1-9的记录违反了客观性、全面性和系统性三个原则。在客观性方面,行文中的"威胁恐吓"带有一定的主观性;在全面性方面,这一记录内容的第一段过于浓缩,其中的细节没有呈现,比如小矛盾发生的过程、亦洋和栋栋的具体表现、佳佳的行为等都不具体;在系统性方面,这一观察记录并没有围绕观察要点记录足够的信息方便读者清楚地了解,第二段只是整个片段中结束时的一个小环节,并没有在整个行为发生过程中占据很大比例。

(四)典型性原则

典型性原则是指要注意选择那些能够集中反映一类事物的共性,且自然现象表现的过程较纯粹、最少干扰、最易于观察的事物作为观察对象。幼儿行为观察记录的内容最好是共同关注的焦点,或是幼儿发展遇到的代表性问题或者关键问题,以引发家长或其他教师的思考。

案例1-10 违反典型性的观察记录

我们班的丫丫每天都会带一个包过来,到晚上放学时,不管什么情况下都会记着拿包回家。"老师,他不给我坐!""老师,小朋友打我!""老师,她抢我被子!""我不要……""救命啊!""这是什么啊?"这些几乎是乐乐的"名言名句"。

案例1-10是我们在实践中收到的两个观察记录文本。这两个观察记录过于简单,文字极少,没有观察的目的,违反了典型性的原则。在第一个观察记录中,看不出观察目的何在。猛地一看,观察者似乎想要呈现丫丫对这个包的感情、这个包对丫丫有特别的价值。如果确实如此,那观察者可以用两种记录方式:一是可以镜头式的方式呈现丫丫的行为表现。比如,在进入幼儿园时,她是怎样在意她的包;当教师要求她放下包的时候,她又是如何拒绝的;哪怕午睡的时候,她都要搂着包睡觉……二是可以某个具体事件凸显其重点。比如,有一次这个包不在身边,她的状态如何;因为这个包不在身边,她的情绪发生了什么变化;拿到包之后,她的行为又是如何……第二个观察记录亦是如此,我们不知道这位教师的观察目的是什么,想呈现儿童的什么行为表现。

三、对幼儿行为进行分析与评价

教师观察到的幼儿行为是客观的,而行为背后的意义要通过现象来推理。如,8个月的婴儿不断重复扔掉勺子这一行为并看着妈妈把勺子捡起来。按照我们的常规思路,会认为婴儿在调皮、捣蛋;而按照幼儿心理发展的理论,该婴儿正处在感知运动阶段,婴儿丢勺子是在认真学习。为此,教师除了观察幼儿的行为,更应该学习用专业的知识来分析与评价幼儿的行为。

案例1-11 小米绘画过程分析[①]

1. 构思与主动性:在此次"春天的花"粉笔画活动中,小米表现出强烈的兴趣。活动一开始她就思考自己要画一朵怎样的花,思考完成后,她首先勾勒出一个常规花朵的形状,然后构思花朵上面要用什么图案、颜色装饰,积极寻找需要的其他颜色的粉笔来装饰自己的作品。

2. 兴趣与专注性:整个创作过程持续6分钟,小米十分专注投入,完全沉浸在自己的创作中,中途偶有离开也是因为去拿取需要的绘画材料,与同伴及教师的对话没有影响到她的创作。

3. 独立性:整个绘画过程是小米独立完成的,自己决定作品要画什么,完全不受周围人的干扰,可见小米具有很强的独立性。

4. 创造性:小米有着一定的想象力和创造性,能够在已有的常规花朵雏形经验的基础上,调动线条、图案绘画的经验对花进行加工与再创造,并且能够利用各种不同的颜色对花进行装饰,构思、造型都别出心裁。

5. 操作的熟练性:小米能够稳定地蹲在地上用粉笔作画,对粉笔的抓握动作准确、协调、灵活,能够熟练地运用粉笔画出自己想要的图案和样式,可见其大肌肉和小肌肉动作发展良好;作画动作流畅、干脆、迅速、连贯,注重线条的首尾连接,且各线条间连接自然、不出格,确保装饰的线

---

① 案例提供者:南通大学教育科学学院周蕊蕊。

条和图案完全限制在自己预定的装饰区域内,一次完成作品。

6. 习惯与常规:小米在创作过程中能够按照顺序有步骤地完成,能够把粉笔放在固定位置,即用即取,不胡乱丢弃,体现出良好的绘画习惯与常规。

案例1-11是观察者观察了一名大班幼儿小米作画过程后做出的分析。这些分析维度多元、层次清楚、有理有据,呈现了专业分析的功底。观察者对所收集到的资料进行符合逻辑的思考,也就是理性的思考之后,对记录的幼儿行为得出结论。观察者的这种理性的思考,必须有观察者本身的专业理论、专业知识作为支撑,也需要依托观察者良好的分析技能,才能很好地对观察到的现象进行分析与处理。对幼儿的行为进行分析和评价,还有更多的内容需要深入学习。有关如何对幼儿行为进行分析的内容见本教材第七章。

四、提出对策或改进建议

对于教师来讲,观察与记录的目的并非仅仅在于解析幼儿的行为、分析问题产生的原因,最重要的是提出改善幼儿行为的教育建议,进而促进幼儿的发展。在案例1-12的记录中,针对张翰绘画能力弱、学习品质存在不足,教师提出的教育建议具有针对性、可操作性。有关如何对幼儿行为进行教育支持的内容见本教材第八章。

案例1-12　针对翰翰绘画的教育建议

针对翰翰绘画能力差的情况,教师手把手地教他勾线、涂色。针对乱涂乱画,教师一方面依靠集体统一的学习规则来约束他,如反复向他讲解和提醒"要轻拿轻放画笔""不能乱涂乱画";另一方面,在自由活动时与他多交流,多讲道理,让他反思不良行为的后果。比如,"如果是你摔了,那你感觉怎么样? 画笔被摔了,肯定也很疼""没有了画笔,不能再画画""如果其他小朋友在你身上到处涂抹,那你的心情怎么样"等。

针对翰翰画画时的表现,除了借助口头语言强调正确的学习行为规范,教师还在他的桌子或本子上粘贴有关的标志和图片,以此提醒他。此外,教师还让能力较强的幼儿坐在他的身边,为其提供学习榜样的同时,让他感受到同伴的关心和照顾,并结合班级课程的进展,安排他学习与同伴合作完成一项任务。

学者黄意舒提出,专业观察的基本能力包括:辨识观察动机的能力;追求可靠资料的态度;观察工具的选择或制作的能力;反省主观情绪或成见的能力;区分客观与主观的能力;识别行为意义的能力;用词下基础定义的能力;提出行为假设的能力等。由此可见,幼儿行为观察是一项专业技能,与一般观察不同,要掌握它就要学习并具备相关的知识和技能。

在观察前确定观察计划,可以让观察者快速、准确地达到观察目的;在理论和实践层面了解幼儿身心发展规律,能够为分析幼儿行为奠定坚实的基础;行为观察的方法可以帮助教师收集幼儿行为资料,并可以通过分析,总结出幼儿行为的表现和特点;科学的幼儿观是幼儿教师的基本理念,它需要教师用具体的行为来体现;教师在实践中不断反思,能够促进自身不断地积累经验,改进策略。教师从这几个方面入手,便能更快地练就幼儿行为观察与指导的技能,从而适应教师岗位的要求,更好地促进幼儿发展。

· 思政园地 ·

《幼儿园教师专业标准（试行）》部分条目

22. 掌握不同年龄幼儿身心发展特点、规律和促进幼儿全面发展的策略与方法。

23. 了解幼儿在发展水平、速度与优势领域等方面的个体差异，掌握对应的策略与方法。

24. 了解幼儿发展中容易出现的问题与适宜的对策。

25. 了解有特殊需要幼儿的身心发展特点及教育策略与方法。

30. 掌握观察、谈话、记录等了解幼儿的基本方法和教育心理学的基本原理和方法。

49. 在教育活动中观察幼儿，根据幼儿的表现和需要，调整活动，给予适宜的指导。

52. 关注幼儿日常表现，及时发现和赏识每个幼儿的点滴进步，注重激发和保护幼儿的积极性、自信心。

53. 有效运用观察、谈话、家园联系、作品分析等多种方法，客观地、全面地了解和评价幼儿。

56. 善于倾听，和蔼可亲，与幼儿进行有效沟通。

请思考：阅读上述条目，结合3—6岁幼儿的身心发展特点，思考和分析为何需要教师具备行为观察的能力？

岗课赛证

一、单项选择题

参考答案

1. 幼儿园教师通过记录幼儿在日常生活与活动中的表现来分析其心理特点，这种研究方法是什么方法？（　　）(幼儿园教师资格证考试2023年上半年"保教知识与能力"真题)

A. 观察法　　　　　　　　　　B. 谈话法

C. 测验法　　　　　　　　　　D. 实验法

2. 贝贝比较内向，不太愿意与人交往，孙老师对小朋友们说："早上要来向老师问好哦！"第二天早上，每当小朋友进到教室，孙老师就鞠躬问好，小朋友礼貌地向老师问好，贝贝也贴在孙老师的耳边小声地说："老师早上好！"孙老师的做法体现的教育角色是（　　）。(幼儿园教师资格证考试2024年上半年"综合素质"真题)

A. 引导者　　　　　　　　　　B. 学习者

C. 研究者　　　　　　　　　　D. 合作者

3. 月月说话时有口吃现象，如"老——师好，我爷——爷送我来的"。老师不仅帮助、鼓励月月，还加强家园配合。该老师的做法体现的教师职业道德的特征是（　　）。(幼儿园教师资格证考试2022年上半年"综合素质"真题)

A. 多样性　　　　　　　　　　B. 双向性

C. 专业性　　　　　　　　　　D. 复杂性

二、辨析题

1. 幼儿行为观察就是日常生活中的看。

2. 对幼儿的行为进行观察、分析，增加了教师的工作压力，毫无意义。

3. 在对幼儿行为进行描述时，可以掺杂个人以往对这个幼儿的认识，这样有助于行为的分析。

三、简答题

1. 幼儿行为观察的价值有哪些？

2. 幼儿行为观察与指导开展的基本步骤是什么？

四、实训题

1. 扫码观看"讲座视频"[①],了解和记录我国学前教育领域幼儿行为观察的发展历程。

2. 查找视频"绿水青山我的家——Kelly的'安吉游戏'体验课",观看其中的4：04—8：02视频片段,回答以下两个问题：Kelly老师在安吉游戏体验中的角色,经历了怎样的变化？成为儿童行为观察者后,Kelly老师有什么发现？

3. 观看视频"雅雅玩蒙氏插座圆柱体"[②],尝试写一份观察记录,并反思和记录下自己观察中遇到的问题。

4. 请结合下述材料,从教师观的角度,评析金老师的教育行为。(幼儿园教师资格证考试2022年下半年"综合素质"真题)

在区域活动中,帆帆和瑶瑶选择了美工区"剪贴项链"游戏,金老师为他们拿来剪刀、胶棒、五彩纸条等材料和制作步骤图。帆帆按制作步骤剪下了一根根长条,将这些长条粘成一条项链。瑶瑶一直没有动手,好像在思索,不一会儿,她开始动工了,先拿剪刀按实线剪下长条,将纸条依次连接成很长的线条。帆帆看见了,大声说："金老师,瑶瑶瞎做,你看她做的和我的不一样。"瑶瑶看了他一眼,说："你不知道,我做的也是项链。"听瑶瑶这么说,金老师也好奇地凑过来看,对她说："哦,是吗？那等会儿看看你做的究竟是怎样的项链。"瑶瑶很自信地说："你们等着瞧吧。"她将长条围起来粘成一个圆圈,用两个小长条做成了一个心形粘在圆圈的一端,一条项链完成了。瑶瑶高兴地举起来,说："这就是我做的桃心项链,我妈妈就有一条这样的项链。"

在区域活动的讲评环节,金老师举起帆帆做的项链,说："帆帆学会了自己看图做项链,观察非常仔细,真棒！"接着,金老师展示了瑶瑶的桃心项链,问道："大家看看,这个桃心项链漂亮吗？"幼儿争先恐后地说："真漂亮,这是谁做的？怎么做出来的啊？"这时,金老师把瑶瑶请上场讲解瑶瑶自己的作品。接着,金老师对其他幼儿的作品也一一做了点评。

离园后,金老师及时把这次区域活动记录下来,总结了成功之处,也反思了不足之处,并写下了改进思路,为以后撰写教研论文和开展课题研究积累素材。

拓展阅读

1. 王晓芬.由"幼儿园不好,幼儿园不让想家"想到的[J].幼儿教育,2005(Z2)：34.

2. 王晓芬,商文芳,李晓蕾.实习幼师观察记录撰写能力的现状与提升策略——基于S市12所幼儿园的调查数据分析[J].早期教育,2021(26)：32—35.

3. 王晓芬,彭晓敏,耿玥.幼儿园教师撰写个案观察记录的现状及提升对策[J].幼儿教育,2018(Z6)：22—26.

视频

讲座视频

视频

雅雅玩蒙氏插座圆柱体

---

①② 视频提供者：南通大学教育科学学院王晓芬。

第二章

各领域活动中幼儿行为的观察要点（一）

章节导入

　　幼儿园中每天都在进行各种各样的活动,活动中有许多值得教师观察和记录的行为。孙老师是幼儿园的新教师,她每天都十分勤奋地做观察记录,但是一段时间下来,她发现自己的观察记录十分零散杂乱,缺乏要点和重点,几乎起不到什么参考作用,她感到非常困惑。这是什么原因呢? 其实,未掌握幼儿行为的观察要点进行的观察就像一盘散沙,无法真正观察到点子上,只有熟悉幼儿各领域的观察要点并正确运用,才能够避免与孙老师同样的问题。

　　可见,幼儿园各领域活动的观察要点各有不同。那么,在常见的健康、语言和社会领域,幼儿行为观察的要点是什么? 在观察过程中该如何记录幼儿的行为? 对不同年龄段的幼儿进行观察时要注意什么? 让我们带着这些问题,一起进入本章的学习。

学习要点

1. 了解健康、语言、社会领域中幼儿行为观察的要点。
2. 学会区分健康、语言、社会领域中不同年龄段幼儿行为观察的要点。
3. 初步理解幼儿行为观察的复杂性,树立"幼儿为本"的观察理念。

第一节　健康领域幼儿行为的观察要点

　　要科学地观察幼儿健康领域的行为,就要清楚地了解幼儿情绪、动作发展、生活习惯和能力方面的具体观察要点。

一、幼儿情绪的观察

(一) 幼儿情绪表现的特点

　　良好的情绪是心理健康的重要标志,学前期的幼儿已经具备了基本的情绪能力。3—4岁的学前儿童的情绪比较稳定,很少因为一些小事哭闹不止,有比较强烈的情绪反应时,能在成人的安抚下逐渐平静下来;4—5岁的学前儿童能够经常保持愉快的情绪,不高兴时能较快缓解,有比较强烈的情绪反应时,能在成人的提醒下逐渐平静下来,并且愿意把自己的情绪告诉亲近的人,一起分享快乐或求得安慰;5—6岁的学前儿童能够经常保持愉快的情绪,知道引起自己某种情绪的原因,并努力缓解,表达情绪的方式比较适度,不乱发脾气,能随着活动的需要转换情绪和注意力。学前儿童的情绪发展贯穿整个学前期,并且对其一生的发展具有深远的影响。学前儿童会因为环境的变化、亲子分离、心理冲突等出现较大的情绪波动,并且这些消极情绪很难靠幼儿自己的能力来平复。因此,要求幼儿教师了解学前儿童情绪表现的特点,针对消极情绪产生的原因,及时对学前儿童的情绪进行疏导[①]。

（二）幼儿情绪的观察要点

幼儿教师在日常的学习和生活中应当细心地观察学前儿童的情绪反应,注意他们的一举一动、一颦一笑,并将观察内容及时地记录下来,再利用恰当、有效的方法帮助个性存在差异的幼儿缓解不良的情绪,使他们能够健康快乐地成长。

1. 了解情绪形成的原因

幼儿不良情绪的形成必定有其原因,了解幼儿情绪形成的原因才能对症下药,对幼儿的不良情绪进行分析和指导。例如,幼儿发脾气时的原因可能是因为年龄限制,导致其不会合理表达自己的情绪,也有可能是因为幼儿想引起别人的注意。

2. 情绪的行为表现

不同的情绪会有不同的情绪表现,幼儿的不良情绪有发脾气、哭泣、恐惧等。有时候幼儿的不良情绪反应较为明显,如哭泣;有时候幼儿的情绪反应相对内隐,如害怕、恐惧等。教师要及时观察到幼儿的不良情绪,通过有计划地观察记录分析幼儿的不良情绪表现,进而对其进行指导。

3. 情绪的稳定性

幼儿情绪的稳定性观察包括:观察幼儿的情绪是否稳定,观察幼儿能否经常保持愉快的情绪,不高兴时能否较快缓解。

4. 情绪的表达

对幼儿能否合理有效地表达自己的情绪,教师主要注意观察以下几点:有比较强烈的情绪反应时,能否在成人的安抚下逐渐平静下来;是否愿意把自己的情绪告诉亲近的人,一起分享快乐或求得安慰;表达情绪的方式是否适度;是否知道引起自己某种情绪的原因,并努力缓解。

作为幼儿教师,该怎样根据以上要点对幼儿的情绪进行观察和记录呢? 下面是一份"幼儿情绪观察记录表"示例(见表2-1)。

观察内容:幼儿的情绪行为。

观察目标:了解幼儿情绪行为的差异性以及幼儿情绪反应的范围。

观察步骤:挑选3名幼儿,使用实况详录法,观察记录每个幼儿10—15分钟。尽可能详细记录,而且在记录时,要包括伴随情绪行为产生的身体和社会行为部分,然后对每个幼儿的行为做出解释。最后比较这3名幼儿,分析他们情绪表达的范围、强度、引起情绪反应的原因等。

表 2-1　幼儿情绪观察记录表

观察者＿＿＿＿　幼儿姓名＿＿＿＿　年龄＿＿＿＿　性别＿＿＿＿
观察地点＿＿＿＿
观察日期＿＿＿＿　开始时间＿＿＿＿　结束时间＿＿＿＿
观察地点、情境简要描述:

---

① 刘春雷.学前儿童行为观察与评价［M］.长春:东北师范大学出版社,2015.

观察行为描述	行为解释
幼儿甲：	
幼儿乙：	
幼儿丙：	
情绪差异性比较摘述：	

表2-1观察目标明确，是对幼儿情绪行为的差异性以及幼儿情绪反应的范围等方面进行的观察。观察过程计划性强，明确了观察对象、时间、记录和分析的方法等[1]。

（三）幼儿情绪的观察案例

我想要……
他不给我[2]

二、幼儿动作发展的观察

（一）幼儿动作发展的特点

幼儿动作发展特点主要体现在"平衡、协调能力""力量、耐力""手脚动作灵活、协调"三个方面（见表2-2）。

表2-2　幼儿动作发展的特点

年龄段	平衡、协调能力的特点	力量、耐力的特点	手脚动作灵活、协调的特点
小班	能沿地面直线或在较窄的低矮物体上走一段距离；能双脚灵活交替上下楼梯；能身体平稳地双脚连续向前跳；分散跑时能躲避他人的碰撞；能双手向上抛球	能双手抓杠悬空吊起10秒左右；能单手将沙包向前投掷2米左右；能单脚连续向前跳2米左右；能快跑15米左右；能行走1千米左右（途中可适当停歇）	能用笔涂涂画画；能熟练地用勺子吃饭；能用剪刀沿直线剪，边线基本吻合

① 施燕,韩春红.学前儿童行为观察［M］.上海：华东师范大学出版社,2011.
② 案例提供者：广西壮族自治区钦州市幼儿园吴达敏、杨金萍.

年龄段	平衡、协调能力的特点	力量、耐力的特点	手脚动作灵活、协调的特点
中班	能在较窄的低矮物体上平稳地走一段距离;能以匍匐、膝盖悬空等多种方式钻爬;能助跑跨跳过一定距离,或助跑跨跳过一定高度的物体;能与他人玩追逐、躲闪跑的游戏;能连续自抛自接球	能双手抓杠悬空吊起15秒左右;能单手将沙包向前投掷4米左右;能单脚连续向前跳5米左右;能快跑20米左右;能连续行走1.5千米以上(途中可适当停歇)	能沿边线较直地画出简单图形,或能沿边线基本对齐地折纸;会用筷子吃饭;能沿轮廓线剪出由直线构成的简单图形,边线吻合
大班	能在斜坡、荡桥和有一定间隔的物体上较平稳地行走;能以手脚并用的方式安全地爬攀登架、网等;能连续跳绳;能躲避他人滚过来的球或扔过来的沙包;能连续拍球	能双手抓杠悬空吊起20秒左右;能单手将沙包向前投掷5米左右;能单脚连续向前跳8米左右;能快跑25米左右;能连续行走1.5千米以上(途中可适当停歇)	能根据需要画出图形,线条基本平滑;能熟练地使用筷子;能沿轮廓线剪出由曲线构成的简单图形,边线吻合且平滑;能使用简单的劳动工具或用具

(二)幼儿动作发展的观察要点

3—6岁是幼儿身体迅速发展的重要时期,教师需要关注幼儿在这一阶段内身体的发展,分析幼儿在这一时期内的发展状况,探讨幼儿在身体特点、大肌肉和小肌肉运动技能等方面的变化。具体来说,大肌肉运动能力主要涉及全身的大肌肉,主要包括全身、腿部和手臂的动作发展。粗大运动技能的发展包括一些让幼儿以一定方式进行运动的灵巧性活动,如上下跳跃、弹跳、跑步、攀爬、荡秋千、跨栏、快步走等。同理,小肌肉运动能力即涉及身体中小肌肉的运动能力,它是从大肌肉运动中分化出来的,常见的小肌肉运动有系纽扣、穿袜子、穿鞋子等。精细动作技能在掌握粗大动作技能后才会出现。在观察时,观察者可以着重思考以下六点:

① 幼儿在控制自己身体方面与其他幼儿有什么差异吗?

② 幼儿在协调性方面表现如何?

③ 幼儿在平衡性方面的发展如何?

④ 幼儿在操作各种材料时都有哪些表现?

⑤ 幼儿的动作发展是否符合该年龄段幼儿的普遍发展水平?

⑥ 幼儿的身体运动发展状况是否会影响异常行为的出现?

1. 大肌肉动作的观察

大肌肉动作(粗大动作)的发展能够提高学前儿童身体各器官的机能,对身体的发育有着积极的影响。幼儿教师可以设计如单腿站立、往返跑、抛接球、投掷、跳远和跳格子等体育活动进行观察。在活动中的观察要点有:单腿站立时有没有转体摸椅的动作;往返跑时的奔跑速度;抛接球时的抛球动作、接球反应;投掷时的体位、站姿、方向;跳远时跳的质量、落地的质量、摆臂的动作;跳格子时的腿部力量;等等。教师可以通过填写表2-3,记录学前儿童大肌肉动作的发展情况。

微 课

幼儿动作观察
要点

表2-3 学前儿童大肌肉动作发展观察记录表

观察对象		年 龄		性 别	
观察地点		观察时间		观察者	
体育活动项目	观察项目	符合该年龄段的发展特点		不符合该年龄段的发展特点	
单腿站立	转体摸椅动作				
往返跑	奔跑速度				

体育活动项目	观察项目	符合该年龄段的发展特点	不符合该年龄段的发展特点
抛接球	抛球动作		
	接球反应		
投　掷	投掷体位		
	投掷站姿		
	投掷方向		
跳　远	跳的质量		
	落地的质量		
	摆臂的动作		
跳格子	腿部力量		
总　结			

案例2-1　玩滚筒的悠悠[①]

一、观察记录

镜头一：悠悠(6岁)站在白色滚筒上，双脚从后向前交错移动，双手晃动保持平衡，控制滚筒向另一个滚筒慢慢靠近。在两个滚筒相碰时，她快速走上另一个滚筒，然后转身，用同样的方法继续前行。由于移动速度较快，悠悠在快摔下时跳了下来。

镜头二：悠悠和安琪用双手推动两个滚筒碰到了一起。悠悠先站上面前的滚筒，用和之前一样的方法稳步前行。待安琪踩滚筒靠近时，悠悠快速转身向安琪的滚筒移去。两人同时迈出步伐走向对方的滚筒，成功交换位置，背对着背走远。

镜头三：悠悠和黑衣服女孩尝试交换滚筒，并用脚跟控制滚筒相向而行，两人快速交换滚筒后背对着，相背而行。

镜头四：悠悠和依依踩上同一个滚筒，两人手拉手，双脚不停地走动，用同一速度保持平衡。过一会儿，两人同时停下来，因为难以保持平衡，悠悠先松手跳下滚筒，接着依依也跳了下来。

镜头五：悠悠和比她矮一些的黑衣服女孩再次尝试，双人踩上滚筒向前移动。当两人走到另一个滚筒时，黑衣服女孩先离开滚筒，移到了前面那个滚筒。

二、行为分析

1. 动作发展：一方面，悠悠能够在滚筒上用脚跟和身体控制滚筒稳步向前移，在快摔下滚筒时，能够快速双脚跳下，可见具有良好的平衡能力，动作也比较协调灵敏。另一方面，悠悠一直坚持玩滚筒，也能够和同伴共同完成滚筒的推动工作，可见，悠悠具有一定的力量和耐力。

2. 游戏水平：悠悠和三名同伴在活动中很自然地进行合作游戏，而且配合默契到位，可以看出悠悠正处在合作游戏阶段。

---

① 案例提供者：南通大学教育科学学院董申。

3. 学习品质:悠悠具有积极主动、认真专注、敢于探究和尝试、能够积极反思和调整的学习品质。这表现在:她在整个活动中一直处在主体地位,积极主动地玩滚筒,非常专注认真;游戏中通过努力,不断探索各式的滚筒玩法;在掌握基本动作后,悠悠也能够通过尝试调整步伐,完成更高难度的动作。

4. 环境对幼儿的影响:较大空间、低结构性材料引发的自主探索,能够让悠悠最大限度地创造各种新奇的玩法,自主增加游戏难度,熟练操作材料。同时,教师充分信任幼儿,鼓励和给予幼儿充足的探索空间与时间。

三、教育建议

1. 提升平衡能力和动作协调性。教师可以设计专门的平衡活动,如走平衡木、单脚站立等,进一步提高悠悠的平衡能力和动作协调性。同时,引入更多低结构性运动材料,如不同大小和形状的球、垫子等,为悠悠提供更多练习和挑战的机会。

2. 培养力量和耐力。安排适当的体能活动,如攀爬、跳跃、跑步等,增强悠悠的肌肉力量和耐力。鼓励悠悠多多参与户外活动和体育运动,让她在游戏中更好地提高身体素质。

3. 继续鼓励自主探索。保持环境的开放性,允许悠悠继续探索和尝试不同的滚筒玩法,比如在滚筒上投掷等,激发其创新精神和解决问题的能力。也可以鼓励悠悠与同伴一起探索游戏的不同玩法,如多人交换滚筒等,通过合作游戏培养其团队精神和社交技能。

4. 提供机会分享经验。对于悠悠玩花样滚筒这一行为,教师可以请她在活动后向其他幼儿分享自己的游戏经验,丰富他人经验的同时也激励她更加自信地游戏。

5. 设计活动进行多样表征。教师可以引导悠悠在活动后在美工区用绘画的方式记录自己的花式玩法,并向其他幼儿说一说;也可以使用桌面建构等方式展示自己的玩法并向同伴介绍。

2. 小肌肉动作的观察

小肌肉动作(精细动作)的发展,尤其是学前儿童手部动作的发展,能够促进幼儿身体机能的进一步协调和完善。教师可以通过设计画迷宫和夹花生等活动进行观察,在活动中的观察要点有:画迷宫时的握笔姿势,所画圆弧的质量,所画直线的质量和夹花生时握筷子的姿势等。教师可以通过填写表2-4,记录学前儿童小肌肉动作的发展情况。

表 2-4 学前儿童小肌肉动作发展观察记录表

观察对象		年 龄		性 别	
观察地点		观察时间		观察者	
体育活动项目	观察项目	符合该年龄段的发展特点		不符合该年龄段的发展特点	
画迷宫	握笔姿势				
	所画圆弧线的质量				
	所画直线的质量				
夹花生	握筷子的姿势				
总 结					

（三）幼儿动作的观察案例

雅雅玩蒙氏
插座圆柱体[1]

三、幼儿生活习惯和生活能力的观察

（一）幼儿生活习惯和生活能力的特点

幼儿生活习惯和生活能力的特点详见表2-5。

表2-5　幼儿生活习惯和生活能力的特点

年龄段	生活与卫生习惯的特点	生活自理能力的特点	安全知识和自我保护能力的特点
小班	在提醒下，能按时睡觉和起床，并能坚持午睡；喜欢参加体育活动；在引导下不偏食、挑食；喜欢吃瓜果、蔬菜等新鲜食品；愿意饮用白开水，不贪喝饮料；不用脏手揉眼睛；连续看电视不超过15分钟；在提醒下，每天早晚刷牙，饭前便后洗手	在帮助下能穿脱衣服或鞋袜；能将玩具和图书放回原处	不吃陌生人给的东西，不跟陌生人走；在提醒下能注意安全，不做危险的事；在公共场所走失时，能向警察或有关人员说出自己和家长的名字、电话号码等简单的信息
中班	每天按时睡觉和起床，并能坚持午睡；喜欢参加体育活动；不偏食、挑食，不暴饮暴食；喜欢吃瓜果、蔬菜等新鲜食品；常喝白开水，不贪喝饮料；知道保护眼睛，不在光线过强或过弱的地方看书，连续看电视不超过20分钟；每天早晚刷牙，饭前便后洗手，方法基本正确	能自己穿脱衣服，鞋袜，扣纽扣；能整理自己的物品	知道在公共场合不远离成人的视线单独活动；认识常见的安全标志，能遵守安全规则；运动时能主动躲避危险；知道简单的求助方式
大班	养成每天按时睡觉和起床的习惯；能主动参加体育活动；吃东西时细嚼慢咽；主动饮用白开水，不贪喝饮料；主动保护眼睛，不在光线过强或过弱的地方看书，连续看电视不超过30分钟；每天早晚主动刷牙，饭前便后主动洗手，方法正确	知道根据冷热增减衣服；会自己系鞋带；能按类别整理好自己的物品	未经大人的允许不给陌生人开门；能自觉遵守基本的安全规则和交通规则；运动时能注意安全，不给他人造成危险；知道一些基本的防灾知识

（二）幼儿生活习惯和生活能力的观察要点

幼儿生活习惯和生活能力的观察贯穿在幼儿的一日活动之中，包括如厕盥洗、进餐、穿衣午睡等，这些日常行为可以帮助我们了解幼儿更多的信息。幼儿的学习与成长是从生活中开始的，良好的生活习惯和生活能力可以让幼儿更快更好地适应集体，适应社会。幼儿教师应该在日常的学习和生活中关注学前儿童生活习惯的养成和生活能力的发展情况，在观察时要注意以下四点。

1. 了解行为发生的原因

了解行为发生的原因，也就是要了解这些行为为什么发生，其来源可能是幼儿本身，也可能是外界。这种行为产生的原因可能并不明显，也可能相当明显。例如，"幼儿为什么会去穿衣"这一内容，其原因可能有以下四方面：

① 幼儿是否在教师的要求下穿衣？

---

[1]　案例提供者：江苏省南通大学教育科学学院刘羽乔。

② 教师是否向全班幼儿都要求穿衣？

③ 幼儿是否看到别人穿衣才跟着穿？

④ 幼儿是否一时冲动而穿衣？

2. 观察行为发生的环境

环境是幼儿行为发生的主要诱因，没有任何事情是可以脱离现实环境而无缘无故发生的。在了解行为发生的环境时，可以观察以下三点：

① 周围的设施设备是怎样的？

② 这些设施设备是怎样影响幼儿行为的(如幼儿距离橱柜的远近，是否有椅子可以使用，幼儿所处空间的拥挤程度)？

③ 在幼儿附近是否有重要人物(对幼儿重要的成人，幼儿喜欢或不喜欢的人，幼儿在意的来访者等)？他们在做什么？

环境既包括物质设施设备，也包括"人"这一重要因素。

3. 观察幼儿的反应

幼儿对活动的反应包括是否积极参与，是否能够接受，或者是否抗拒等。可以从以下五方面去观察幼儿的反应：

① 如果活动是由教师引起的，那么幼儿的反应如何？其是接受还是抗拒这个要求或建议？

② 如果活动是由其他幼儿发起的，那么幼儿是如何反应的？

③ 如果活动是由幼儿自己发起的，那其是如何行动的？

④ 幼儿在过程中是否认真？是否显现出兴趣？

⑤ 幼儿的能力是否胜任？其能力是否与年龄相匹配？

以上这些观察内容只供参考，因为到底该观察些什么，还是需要根据观察的目的，也就是要根据我们想了解的问题来确定。可能对一些幼儿来说，某些项目是重要的，而对另外一些幼儿来说，这些项目却并不重要。

4. 观察幼儿的后续反应

最后，我们还应该观察了解幼儿接下来会做什么。有时候，我们可以从幼儿的后续反应中获得许多信息。

了解了幼儿生活习惯和生活能力的观察要点之后，我们可以参考相应的检核表来对幼儿的行为进行观察记录和分析。表2-6和表2-7为其中的代表性观察检核表，可以作为参考。

表 2-6　幼儿进餐行为系统观察表 [①]

午餐：＿＿＿＿＿＿
点心：＿＿＿＿＿＿

年　月　日

观察次数	观察时间	自发行为					他发行为					他发反应						特殊行为记录
		吃完	进食	拒绝进食	转移	其他	被鼓励	被询问	被请求	被命令	其他	吃完	进食	拒绝进食	以沉默回答	提出请求	其他	
1																		
2																		
3																		
4																		

① 施燕,韩春红.学前儿童行为观察[M].上海：华东师范大学出版社,2011.

观察次数	观察时间	自发行为					他发行为					他发反应						特殊行为记录
		吃完	进食	拒绝进食	转移	其他	被鼓励	被询问	被请求	被命令	其他	吃完	进食	拒绝进食	以沉默回答	提出请求	其他	
5																		
6																		
7																		
8																		
9																		
10																		

结果：吃完＿＿＿＿＿＿＿＿＿　　　进食＿＿＿＿＿＿＿＿＿　　　拒绝进食＿＿＿＿＿＿＿＿＿

说明：

（1）观察记录前，先将观察日期、进食内容填写完整。

（2）观察幼儿的自发行为，当有观察表中列出的行为出现时，即在该项目相应的空格内打"√"。

（3）如果被观察者没有自发行为，属于自发行为栏内的"拒绝进食"或是"转移"等，那就应该观察在他发行为的发起下，被观察者的"他发反应"如何。

（4）观察时间间隔以三分钟为宜，同时间内如果幼儿出现不同行为，可以重复勾选。

（5）如果有表格中未列出的特殊行为出现，就填写在"特殊行为记录"栏内。

（6）在观察结束后后，填写本次进食的结果。

这种观察的目的是了解被观察者进食的情形，以及如果是他发行为，会引起被观察者怎样的反应，其意义是什么。同时，可以此结果思考保教人员对被观察者辅导的成效。

表 2-7　幼儿午休行为检核表[①]

检核目的：为使教师及家长能确实了解幼儿在托幼机构中午睡时间的动机、反应及就寝中的行为与问题，故设计此检核表，期望能使教养者充分了解幼儿的需求，并作为辅导幼儿行为的参考。

填答方式：你能确定幼儿表现出以下行为时，才予以检核。请以打"√"的方式填答。检核表记录时间以一周为期。

基本资料：

姓名：＿＿＿＿＿　　　园名：＿＿＿＿＿　　　班别：＿＿＿＿＿　　　性别：＿＿＿＿＿

实足年龄：＿＿＿＿岁　　　＿＿＿＿个月　　　检核日期：＿＿＿＿　　　检核者：＿＿＿＿

一、动机						
行为表现	一	二	三	四	五	备注
1. 主动休息						
2. 经教师提醒后休息						
二、就寝前的反应						
行为表现	一	二	三	四	五	备注
1. 要求上厕所						
2. 要求喝水						
3. 与他人嬉戏						

①　施燕，韩春红.学前儿童行为观察［M］.上海：华东师范大学出版社，2011.

续　表

4. 延后进寝室						
5. 打枕头仗						
6. 哭闹不停						
7. 到处乱跑						
8. 跑出寝室						
9. 看大家休息于是去休息						
10. 其他						

三、就寝中的行为问题

行为表现	一	二	三	四	五	备注
1. 生病或需要教师特别照顾(如哮喘、过敏)						
2. 过度敏感,不停翻身						
3. 习惯性地吮吸或咬手指						
4. 自慰						
5. 须有特殊的睡眠附件(如手帕、布偶、毛巾)						
6. 不停地找借口离开床位						
7. 与旁边幼儿说话或打手势						
8. 坚持不肯午睡						
9. 说梦话(或做噩梦)						
10. 没睡着						
11. 中途起床						
12. 其他						

四、就寝后反应

行为表现	一	二	三	四	五	备注
1. 有精神地醒来						
2. 还想继续睡						
3. 静静地躺着						
4. 喊教师						
5. 叫其他幼儿起床						
6. 上厕所						
7. 与别人交谈						
8. 开始玩						
9. 其他						

（三）幼儿生活习惯和生活能力的观察案例呈现

案例

[QR code]

轩轩进餐①

第二节　语言领域幼儿行为的观察要点

在语言领域,我们进行行为观察时应注意了解幼儿倾听与表达、阅读与前书写方面的观察要点。

一、幼儿倾听与表达的观察

（一）幼儿倾听与表达的发展特点

在对幼儿的倾听与表达进行观察之前,我们需要对幼儿倾听与表达的特点有动态的、发展的认识。

1. 幼儿倾听的特点

《3—6岁儿童学习与发展指南》(以下简称《指南》)在语言领域要求培养学前儿童形成良好的倾听习惯,发展他们的语言理解能力。大量研究发现,3—4岁的学前儿童由于神经系统发育不够完善,发音器官和听觉器官的调节、控制能力较差,他们只能听懂一些简单的句子,掌握一些常用词,别人对自己说话时注意听并做出回应;4—5岁的学前儿童基本上能够听清楚全部语音,能听懂一些一般句子和一段话的意思,在群体中能有意识地听与自己有关的信息,能结合情境感受到不同语气、语调表达的不同意思,方言地区和少数民族幼儿能基本听懂普通话,掌握词汇的数量和种类迅速增加,语言逐渐连贯起来;5—6岁的学前儿童在集体中能注意听教师或其他人讲话,能结合情境理解一些表示因果、假设等相对复杂关系的句子,理解一段话的意思,听不懂或有疑问时能主动提问。

随着年龄的增长,学前儿童的倾听能力得到一定的发展,具体表现在:

① 从无意识到有意识倾听。

② 对倾听内容的辨析能力不断提高。

③ 对所倾听内容的理解掌握能力逐步发展,可以连接上下文意思进行倾听。

2. 幼儿表达的特点

《指南》在语言领域要求鼓励学前儿童用清晰的语言表达自己的思想和感受,发展语言表达能力。3—4岁的学前儿童在语言表达方面表现为愿意在熟悉的人面前说话,能够大方地与人打招呼,愿意表达自己的需求和想法,必要时能配以手势动作,基本会说本民族或本地区的语言,能口齿清楚地说儿歌、童谣或复述简短的故事;4—5岁的学前儿童讲述比较连贯,能基本完整地讲述自己的所见所闻和经历的事情,愿意与他人交谈,喜欢谈论自己感兴趣的话题,会说本民族或本地区的语言,基本会说普通话,少数民族聚居地区的幼儿会用普通话进行日常会话;5—6岁的学前儿童能有序、连贯、清楚地讲述一件事情,讲述时能使用常见的形容词、同义词等,语言比较生动,愿意与他人讨论问题,敢在众人面前说话,会说本民族或本地区的语言和普通话,发音正确清晰,少数民族聚居地区的幼儿基本会说普通话。

同时,《指南》在语言领域要求学前儿童使用礼貌语言与人交往,养成文明交往的习惯。3—4岁的学前儿童在文明的语言习惯方面表现为说话自然,声音大小适中,与别人讲话时知道眼睛要看着对方,能够在成人的提醒下使用恰当的礼貌用语;4—5岁的学前儿童能够根据场合调节自己说话声音的大

---

① 案例提供者:南通大学教育科学学院周蕊蕊。

小,当别人对自己讲话时能够回应别人,能主动使用礼貌用语,不说脏话和粗话;5—6岁的学前儿童能够根据谈话的对象和需要,调整自己说话的语气,当别人讲话时能够积极主动地给予回应,懂得按次序轮流讲话,不随意打断别人,并能依据所处情境使用恰当的语言,如在别人伤心难过的时候会用恰当的语言表示安慰。

(二) 幼儿倾听与表达的观察要点

幼儿期是语言发展的关键期,培养幼儿的倾听和表达能力是幼儿口头语言发展的重要目标。幼儿在交往中通过倾听理解他人的语言,并逐渐掌握如何表达自己的意愿、感受。对于幼儿的倾听和表达行为的观察,需要掌握以下要点。

1. 幼儿倾听的观察要点

倾听是感知语言的行为表现,是理解语言重要的途径。倾听技能是幼儿学会的第一种语言技能,这在他们开口说话之前就已经形成了。只有懂得倾听、乐于倾听并且善于倾听的人,才能真正理解语言的内容。倾听是一种习得行为,是一个包括听到、注意、辨别、理解以及记忆的心理过程,可以在实践中得到提高。良好的倾听习惯要从学前阶段就开始养成。为了更好地培养幼儿良好的倾听习惯,教师首先应当了解幼儿倾听行为的观察要点。不同年龄阶段的观察要点见表2-8。

表 2-8　幼儿倾听的观察要点

倾听的意愿	倾听的能力
幼儿能否安静听/集中注意听?	小班:能否听懂简单的词? 能否听懂日常对话?
	中班:能否听懂故事? 能否结合情境感受到不同语气、语调所表达的不同意思?
	大班:能否结合情境感受到不同语气、语调所表达的不同意思? 能否结合情境理解一些表示因果、假设等相对复杂关系的句子? 听不懂时能否提问?

2. 幼儿表达的观察要点

表达是以一定的语言内容、语言形式以及语言运用方式进行交流的行为,是幼儿园语言学习与发展的主要表现之一。对此,针对小、中、大班幼儿,表2-9列出了相应的观察要点。

表 2-9　幼儿表达的观察要点

年龄段	表达的意愿	表达的能力	文明用语习惯
小　班	是否愿意与他人交谈?	能否口齿清楚地说儿歌、童谣或复述简短的故事?	回应他人:别人讲话时能否积极主动地回应?
中　班	是否喜欢谈论自己感兴趣的话题?	能否连贯、完整地讲述?	声音自然:能否根据场合调节自己说话声音的大小? 能否根据谈话对象和需要,调整说话的语气?
大　班	是否愿意与他人讨论问题,敢在众人面前说话?	能否有序、连贯、清楚地讲述? 讲述是否生动?	轮流:是否懂得按次序轮流讲话,不随意打断别人?
			礼貌用语:能否主动使用礼貌用语?

在语言领域中,教师可根据观察记录表示例对幼儿的行为进行观察记录。表2-10为幼儿语言能力观察记录表,其观察目标为了解幼儿的语言能力以及幼儿如何使用语言作为社会性互动的工具;观察步骤为采用小组观察的方式,选择2—3名正在一起游戏而且彼此之间有相当互动程度的幼儿。如果观察中途幼儿小组解散了,先完成记录,再另寻一组重复相同的步骤。目的是要在幼儿的互动中,观察记录他们的语言行为。此外,还要记录幼儿彼此沟通时使用的特殊语言。尽可能逐字记录,其中也包括幼儿社会情绪的行为。

表 2-10　幼儿语言能力观察记录表

语言发展与行为

观察者 _____　幼儿姓名 _____　年龄 _____　性别 _____

观察地点 _____

观察日期 _____　开始时间 _____　结束时间 _____

观察地点/情境简要描述：

观察行为描述：

行为解释：

所观察小组语言行为的摘述：

教师还可以根据汉语词汇的类别制作成如表2-11所示的检核表，在日常生活和游戏中观察和记录幼儿的言语表现，并统计幼儿所掌握词汇的种类与数量。这里所说的掌握以幼儿能够理解并正确使用为标准。

表 2-11　幼儿掌握的词汇种类与数量检核表

词汇类别		幼儿表现
1. 使用名词相关词类		
使用具体名词	如苹果、出租车	
使用抽象名词	如水果、交通工具	
使用量词	如棵、辆	
使用方位词	如上面、下面、前面	
使用所有格"的"	如壮壮的、毛毛的	
2. 使用动词相关词类		
使用动介词	如把、让	
使用动态助词	如戴着、吃过	
使用动词补语	如站起来、走过去	
使用助动词	如会、能	
3. 使用代名词		
使用所有格人称代名词	如我的、你的、他们的	
使用人称代名词	如我、你、他们	
使用不定代名词	如每个、有些	
使用指示代名词	如那个、这些	

词汇类别		幼儿表现
4. 使用描述性词汇		
使用连接词	如因为、可是	
使用副词	如很大、非常好	
使用形容词	如漂亮的、阳光灿烂的	

（三）幼儿倾听与表达的观察案例呈现[①]

案 例

图书区里的禾禾

二、幼儿阅读与前书写的观察

（一）幼儿阅读与前书写的发展特点

在对幼儿的阅读与前书写进行观察之前,我们需要对幼儿阅读与前书写的特点有动态的、发展的认识。

1. 幼儿阅读的特点

《指南》在语言领域要求引导学前儿童接触优秀的儿童文学作品,使之感受语言的丰富和优美。3—4岁的学前儿童喜欢跟读韵律感强的儿歌、童谣,主动要求成人讲故事、读图书,爱护图书,不乱撕、乱扔;4—5岁的学前儿童喜欢把听过的故事或看过的图书讲给别人听,反复看自己喜欢的图书,对生活中常见的标志、符号感兴趣,知道它们表示一定的意义;5—6岁的学前儿童喜欢与他人一起谈论图书和故事的有关内容,能够专注地阅读图书,对图书和生活情境中的文字符号感兴趣,知道文字表示一定的意义。学前儿童对书面语言的兴趣与知识,是通过自身的经验建立起来的。学前阶段,儿童需要拥有属于自己的书,并随时可以取到与翻阅。通过这样的一些行为互动的过程,可以使儿童理解书面语言的价值与意义,建立起热爱阅读的兴趣动机,这是为了成为一个好的阅读者所做的必要准备。

学前儿童在日常的生活中阅读图画书时,他们可以通过阅读与图画和文字产生互动,用口头语言来表达他们对于图画书内容的理解,获得口头语言与书面语言对应关系的认识,这样其初步的阅读理解能力便逐渐获得发展。《指南》在语言领域要求培养学前儿童对生活中常见的简单标志和文字符号的兴趣。3—4岁的学前儿童能听懂短小的儿歌或故事,会看故事,能根据画面说出图中有什么、发生了什么事等,能理解图书上的文字是和画面对应的、是用来表达画面意义的;4—5岁的学前儿童能大体讲出所听故事的主要内容,能根据连续画面提供的信息,大致说出故事的情节,能随着作品的展开产生喜悦、担忧等相应的情绪反应,体会作品所表达的情绪情感;5—6岁的学前儿童能说出所阅读的幼儿文学作品的主要内容,能根据故事的部分情节或图书画面的线索猜想故事情节的发展,或续编、创编故事,对看过的图书、听过的故事能说出自己的看法,能初步感受文学语言的美。

2. 幼儿前书写的特点

研究表明,学前儿童在阅读中萌发初步的书写意愿,他们能够通过观察和注意周围环境中的文字

---

① 案例提供者:江苏省无锡市华庄中心幼儿园李琳,南通大学教育科学学院夏玲玲。

信息,逐步积累一些初步的书面语言知识,练习握笔、书写和涂画的基本方法。《指南》在语言领域要求利用图书和绘画,引发幼儿对阅读和书写的兴趣,培养前阅读和前书写技能。3—4岁的学前儿童喜欢用涂涂画画表达一定的意思;4—5岁的学前儿童愿意用图画和符号表达自己的愿望及想法,在成人提醒下,写写画画时姿势正确;5—6岁的学前儿童愿意用图画和符号表现事物或故事,会正确书写自己的名字,写字画画时姿势正确。学前儿童在未能集中识字和写字之前,可积极地与文字互动,通过"画字"或者模仿方块字的一些简单特点,并用口头语言表达这些图代表的意思。这能够帮助儿童建立和巩固与纸笔互动的经验,感知文字组成的一些基本规律,并熟悉书面文字字形,有效提高早期书面语言的准备水平。

（二）幼儿阅读与前书写的观察要点

阅读与前书写是学前儿童语言教育活动的重要形式之一。由于其对学龄阶段学习以及终身发展具有重要意义,近年来越来越受到人们的重视。教师只有仔细观察幼儿的阅读和前书写行为,才能给予幼儿适宜的指导,而这些都建立在熟知相应观察要点的基础上。

1. 幼儿阅读的观察要点

阅读是人们终身学习的重要手段,学会读懂图书是早期阅读的重要目标。幼儿心理发展的特殊性导致其在阅读时往往大而化之,粗粗了事,因此在早期阅读活动中,教师指导幼儿读懂图书就显得尤为重要。教师只有正确把握不同年龄段幼儿的阅读行为观察要点（见表2-12）,才能采用正确的观察记录和指导方法,把握指导的重点。

表2-12　幼儿阅读的观察要点

阅读意愿	阅读能力
小班、中班:是否喜欢阅读?	小班:能否通过看画面了解意思?
中班、大班:对周围文字符号是否感兴趣?	中班:能否根据连续画面说出大致情节? 能否随着作品的展开产生相应的情绪反应,体会作品所表达的情绪情感?
大班:能否专注阅读?	大班:能否说出自己对作品的看法? 能否根据情节发展创编、仿编? 能否感受文学语言美?

2. 幼儿前书写的观察要点

《纲要》中明确指出,利用图书、绘画和其他多种形式,引发幼儿对书籍、阅读和书写的兴趣,培养前阅读和前书写技能。关于前书写的观察要点见表2-13。

表2-13　幼儿前书写的观察要点

书写意愿	书写能力
小班:是否喜欢涂涂画画?	中班、大班幼儿:写写画画时姿势是否正确?
中班、大班:是否愿意用图画、符号表达自己的愿望和想法,表现事物或故事?	

此外,在评价幼儿的早期阅读能力时,教师可以采用看图讲故事的方法,即向幼儿呈现几幅简单的图片,要求幼儿观察图片并讲故事。看图讲故事是评价幼儿早期阅读能力常用的方法。例如,帕里斯等人开发了"故事理解评价任务",该任务使用无字图画书对幼儿的图书阅读能力进行评价,评价内容涉及图画阅读、复述、提示下的理解三个部分,具体评估维度如表2-14所示。在这种方法中,图片的设计和选择是关键:图片的内容应具有内在的逻辑线索,能够按一定的顺序和情节将其组织在一起,形成一个合理的故事;图片的画面应该清晰准确地反映情节内容。

表2-14　"故事理解评价任务"的评估维度

图画阅读	复　述	提示下的理解	
拿书技能	场景	表面信息	隐含信息
参与	人物	人物	情感体验
对图画的评论	目标/初始事件	场景	因果推断
对故事的评论	问题/情节	初始事件	对话
理解策略	解决办法	问题	预测
	结尾	结果或问题解决	主题

(三)幼儿阅读与前书写的观察案例呈现

案例2-2　阅读区的红红[①]

一、基本信息

观察日期：2023年6月13日10：10—10：20

观察对象：红红(3岁10个月)

二、行为描述

今天红红选的是阅读区，一进区域，她就盯着这些绘本。她小手一伸，抓取了《好饿的小蛇》这本书，却将书倒置在手中。红红的手指随着书页上的图画舞动，嘴里喃喃自语："苹果蛇。"接着，她的手指迅速翻动书页，很快就翻完了。她把书放在身旁的小桌上，转身走向书架，抽出《猜猜我有多爱你》这本绘本，轻轻翻开几页。两分钟后，红红站起身，看向坐在不远处的泽泽手中的《没有耳朵的兔子》。她径直走向泽泽，一把抢过了那本书。泽泽喊道："我的！我的！"红红没有理会泽泽，看了看手中的书，随后将书丢在地上。紧接着，一蹦一跳地离开了阅读区，朝洗手间的方向跑去。

三、行为分析

1. 红红倒拿着《好饿的小蛇》绘本，手指随性地在书页上"跳跃"，口中模仿着书中内容轻声说着"苹果蛇"。尽管她的阅读方式显得稚嫩无序，对图书前后关系的理解还在初步形成阶段，但这正是直观形象思维的体现。

2. 红红快速翻阅，不一会儿便放下手中的《好饿的小蛇》，转而拿起旁边的《猜猜我有多爱你》，这种频繁换书的行为反映了她在尝试通过视觉刺激寻找乐趣，也是对阅读兴趣的一种初探。

3. 当她放下《好饿的小蛇》时，并没有意识到需要将书归还原处，这是由于这个阶段的幼儿还未完全形成物品归位的习惯。随后，她直接抢走了泽泽手中的《没有耳朵的兔子》，这是出于本能的好奇心，以及尚未完全建立的分享意识。

四、教育建议

1. 巧用大拇指标记，掌握图书结构。教师可以在幼儿初步接触绘本的时候，在绘本上做一些小标记，例如在封面贴上大拇指标记。提醒幼儿看书先找到大拇指，拇指朝上再看书。还可以告诉幼儿，只要拿对了书，大拇指就会翘起来表扬你。

2. 巧用会"长大"的标记，学会一页一页翻书。由于小班的绘本页码不多，教师可以在书的每一页都贴一个小标记，告诉幼儿，看书时一页一页地翻，小标记就会慢慢"长大"。

3. 巧用小鸟归巢标记，学习物归原位。幼儿阅读完一本书，需要摆放归位，便于下一名幼儿取阅。教师可以在每一本绘本的封底贴上不同颜色的小鸟标记，在书架上贴上相应色彩的鸟巢标

---

① 案例提供者：江苏省南通市通州区金桥幼儿园杨航。

记，并告诉幼儿"每只小鸟都要回到和它一样颜色的家里"。

　　4. 巧用笑脸标记，掌握阅读规则。看书时，让每个幼儿先选一本书，看完以后和旁边的同伴交换，这样大家都能看到自己喜欢的书。教师可以制作一些笑脸标记，对于遵守规则的幼儿，教师给予笑脸标记，反之则给予哭脸标记，这样不断强化阅读规则，相信"抢书"的问题会有明显改善。

第三节　社会领域幼儿行为的观察要点

　　在幼儿园中，幼儿开始学习如何与他人相处与交往，这种能力来自不断的练习以及与他人的积极相处。幼儿逐渐从自我中心过渡到为他人考虑。学前教育的主要目的之一就是帮助幼儿学习人际交往技能。在与同伴的交往中，幼儿有许多这样的学习机会。社会化通常是一个自然的过程，但有时幼儿会在学习与同伴交往和适应环境的过程中遇到困难，这就需要教师及时地观察记录和教育引导。在此之前，让我们先来了解幼儿人际交往和社会适应方面的行为观察要点。

一、幼儿人际交往的观察

（一）幼儿人际交往的特点

1. 幼儿交往动机的特点

　　《指南》在社会领域要求培养幼儿喜欢参加游戏和各种有益的活动，在活动中体验快乐，提高自信。3—4岁的幼儿想加入同伴的游戏时，能友好地提出请求；在成人指导下不争抢，不独霸玩具；与同伴发生冲突时，也能听从成人的劝解。4—5岁的幼儿会运用介绍自己、交换玩具等简单技巧加入同伴的游戏；对大家都喜欢的东西能够轮流、分享；与同伴发生冲突时，能在他人帮助下和平解决；活动时愿意接受同伴的意见与建议；不欺负比自己弱小的幼儿。5—6岁的幼儿能想办法吸引同伴和自己一起游戏；活动时能与同伴分工合作，遇到困难能一起克服；与同伴发生冲突时能自己协商解决；知道别人的想法有时和自己不一样，能倾听和接受别人的意见，不能接受时会说明理由；不欺负别人，也不允许别人欺负自己。

2. 幼儿友好人际交往的特点

　　3—4岁的幼儿愿意和同伴一起游戏；想加入同伴的游戏时，能友好地提出请求；愿意与熟悉的长辈一起活动；与同伴发生冲突时，能听从成人的劝解并且能根据自己的兴趣选择游戏或其他活动；自己能做的事情愿意自己做。4—5岁的幼儿有经常一起玩的同伴；活动时愿意接受同伴的意见；会运用介绍自己、交换玩具等简单技巧加入同伴游戏；敢于尝试有一定难度的活动和任务；对大家都喜欢的东西能轮流、分享；知道自己的一些优点和长处，并对此感到满意。5—6岁的幼儿有高兴或有趣的事愿意与大家分享；有问题愿意向别人请教，活动时能与同伴分工合作；遇到困难能一起克服，与同伴发生冲突时能自己协商解决；知道别人的想法有时与自己不一样，能倾听和接受别人的意见，不能接受时会说明理由；能主动发起活动或在活动中出主意、想办法。

3. 幼儿交往表现的特点

　　《指南》在社会领域要求幼儿知道对错，不做明知不对的事，乐于接受任务。努力做好力所能及的事，爱父母、爱同伴、爱家乡、爱祖国。3—4岁的幼儿能够根据自己的兴趣选择游戏或其他活动；为自己好的行为或活动成果感到高兴；自己能做的事情愿意自己做；喜欢承担一些小任务；长辈讲话时能认真听，并能听从长辈的要求；身边的人生病或不开心时表示同情；在提醒下能做到不打扰别人。4—5岁的幼儿能够按照自己的想法进行游戏或其他活动；知道自己的一些优点和长处，并对此感到满意；自己的事情尽量自己做,不愿意依赖别人;敢于尝试有一定难度的活动和任务;会用礼貌的方式向长辈表达自己的要求和想法;能注意到别人的情绪,并有关心、体贴的表现;知道父母的职业,能体会到父母为养育自己所付出的辛劳。5—6岁的幼儿能主动发起活动或在活动中出主意、想办法;做了好事或取得了成功后还想做得更好;自己的事情自己做,不会的愿意学;主动承担任务,遇到困难能够坚持而不轻易求助;与别人的看法不同时,敢于坚持自己的意见并说出理由;能有礼貌地与人交往;能关注别人的情绪和需要,并能给予力所能及的帮助;尊重为大家提供服务的人,珍惜他们的劳动成果;接纳、尊重与自己的生活方式或习惯不同的人。

(二) 幼儿人际交往的观察要点

通过对幼儿人际交往的观察,教师可从幼儿具体的人际交往行为中了解其社会性行为。表2-15列出了幼儿人际交往行为的观察要点。

表 2-15　幼儿人际交往的观察要点[①]

观察要点	小 班	中 班	大 班
与人交往的意愿	1. 是否愿意和同伴一起游戏? 2. 是否愿意与熟悉的长辈一起活动?	1. 是否喜欢和同伴一起游戏? 是否有经常一起玩的同伴? 2. 是否喜欢和长辈交谈? 有事是否愿意告诉长辈?	1. 是否有自己的好朋友? 2. 是否愿意结交新朋友? 3. 有问题是否愿意向别人请教? 4. 有高兴的或有趣的事是否愿意与大家分享?
与人交往的能力	1. 发起和其他幼儿的交流,尝试参加活动的能力		
	想加入同伴的游戏时,能否友好地提出请求?	能否运用介绍自己、交换玩具等简单技巧加入同伴游戏?	能否想办法吸引同伴和自己一起游戏?
	2. 亲社会行为		
	能否在成人指导下,不争抢、不独霸玩具?	对大家都喜欢的东西能否轮流、分享?	活动时能否与同伴分工合作? 遇到困难能否一起克服?
	3. 解决冲突的能力		
	与同伴发生冲突时,能否听从成人的劝解?	与同伴发生冲突时,能否在他人帮助下和平解决?	与同伴发生冲突时,能否自己协商解决?
	4. 观点的选择		
	—	是否接受同伴的意见与建议?	是否知道别人的想法有时和自己不一样? 能否倾听和接受别人的意见,不能接受时会不会说明理由?
自尊、自信、自主的表现	1. 能否根据自己的兴趣选择游戏或其他活动? 2. 能否为自己好的行为或活动成果感到高兴? 3. 是否愿意做自己能做的事情? 4. 是否喜欢承担一些小任务?	1. 能否按自己的想法进行游戏或其他活动? 2. 是否知道自己的一些优点和长处,并对此感到满意? 3. 是否自己的事情尽量自己做,不愿意依赖别人? 4. 是否敢于尝试有一定难度的活动和任务?	1. 能否主动发起活动或在活动中出主意、想办法? 2. 做了好事或取得了成功后是否还想做得更好? 3. 是否自己的事情自己做,不会的愿意学? 4. 是否主动承担任务,遇到困难能否坚持而不轻易求助? 5. 与别人的看法不同时,能否敢于坚持自己的意见并说出理由?

① 侯素雯,林建华.幼儿行为观察与指导这样做[M].上海:华东师范大学出版社,2014.

观察要点	小　班	中　班	大　班
关心尊重他人	1. 关心他人		
	身边的人生病或不开心时能否表示同情？	能否注意到别人的情绪，并有关心、体贴的表现？	能否关注别人的情绪和需要，并能给予力所能及的帮助？
	2. 尊重他人		
	长辈讲话时能否认真听？能否听从长辈的要求？	能否用礼貌的方式向长辈表达自己的要求和想法？是否知道父母的职业？能否体会到父母为养育自己所付出的辛劳？	是否尊重为大家提供服务的人？是否珍惜他们的劳动成果？能否接纳、尊重与自己的生活方式或习惯不同的人？

（三）幼儿人际交往的观察案例呈现

案例2-3　从"抢"到"帮"的泽泽①

　　泽泽是班级中年龄较小且活泼好动的男孩子。泽泽和爸爸妈妈共同生活在苏州，他的爸爸是全职爸爸，性格偏内向。泽泽平时的话语不多，会和同伴小声交流，较少主动和教师对话。在上学期的游戏中，他时不时会出现争抢行为，本学期有明显改善。教师对泽泽的三次观察记录详见表2-16至表2-18。

表2-16　观察记录一：缺乏社交技巧的泽泽

基本情况	观察者	陈琦、余雨蓉	幼儿姓名	泽泽	性别	男
	观察日期	2023年12月26日	幼儿年龄	3岁5个月	观察地点	教室
	观察开始时间	11：46	观察结束时间		11：50	

观察目标	了解泽泽在自由活动中与同伴的社交互动和冲突解决能力，以及教师介入的方式和效果。
行为描述	午餐后，泽泽去语言区进行自由活动。一开始，轩轩在地垫上看书，看完后刚刚合上，泽泽便拿起了这本书。轩轩见状立马说道："我的，我的，我还没有看完。"泽泽回应："我看一会儿，我就……"话音未落，轩轩立刻对他说"不行"。教师听到两人的争执后，提醒道："这本书是轩轩先拿到的，你等轩轩看完了再看哦。"听完，泽泽松手将书给了轩轩。 　　这时，泽泽拿起地垫上的一个鳄鱼玩偶，七七看到后，双手拉住了鳄鱼的尾巴，泽泽大叫道："我的，我的！"泽泽抬头看了看教师，继续和七七拉扯，持续近半分钟后，泽泽跑到教师跟前，说："他抢我的。"说完，用手指向拿着鳄鱼玩偶的七七。教师问七七："这个鳄鱼玩偶是谁先拿到的？"七七不说话，看了看教师，把鳄鱼玩偶塞在了泽泽的手里，并说了句"对不起"。
行为分析	1. 泽泽看到轩轩合上了书，以为他不看了，就径直拿走了书，说明他观察了同伴的行为，但是获取方式不正确。幼儿在沟通上有一定的局限性，可能还没有完全掌握有效的沟通技巧，不知道如何礼貌地表达自己的需求或如何协商解决冲突。 2. 泽泽在家中和爸爸单独生活居多，缺乏与外界他人互动的经验，再加上小班幼儿以自我为中心的年龄特点，会把注意力集中在自己的观点和动作上。所以，泽泽可能是不理解他人的感受，为满足自己的需求而发生争抢行为。 3. 当泽泽被七七抢了玩具后，他先是观察教师的反应，随后进行告状。泽泽在面对冲突时，倾向于直接表达自己的情感，但在解决冲突方面显得较为被动，依赖于教师的介入。这一告状行为看似避免了冲突的进一步升级，但并没有真正促进他的社会性发展。

---

　　①　案例提供者：江苏省苏州市工业园区文景幼儿园陈琦、余雨蓉。

续　表

行为分析	4. 教师在听到争执后,公正地介入了幼儿的冲突,通过询问和观察,了解了事情的原委,并给出了合理的建议。例如,教师告诉泽泽"这本书是轩轩先拿到的,你等轩轩看完了再看哦",以此培养幼儿遵守规则的意识。 5. 语言区的物质环境为幼儿提供了丰富的学习资源,但也可能引发一些冲突。教师需要考虑如何合理布置和利用这些资源,以减少冲突的发生,教师的行为和态度也会对幼儿产生深远的影响。
教育建议	1. 不断提升幼儿的语言表达能力,促进幼儿社会性发展。幼儿语言表达水平和其亲社会行为之间存在非常明显的正相关关系,越长、越规整的语言越能够清晰地表述目的,方便同伴了解。例如:"你不看了吗? 可以给我看一看吗?"因此,教师可以在一日生活的方方面面重点关注幼儿的语言表达能力,定期举办"小小故事会"等活动,从而促进其社会性发展。 2. 家园共育,根据幼儿的年龄特点和心理需求,给予幼儿正确的交往方式。当性格偏内向的幼儿与人交往时,教师或者同伴可以作为榜样在旁示范,给予其更多的交往策略,如合作、分享、说理、妥协等。父母也应有意识地为幼儿提供与外界接触的机会,帮助幼儿梳理经验,发展其社会性。例如,教师可以鼓励泽泽爸爸多带泽泽外出交往,促进其与他人的语言交流。同时,父母可以告知或示范不同的交往策略,借助绘本、动画片等资源强化泽泽的亲社会行为。 3. 优化语言区的环境,丰富与利用语言区的学习资源。对于语言区等容易引发冲突的区域,教师可以设置明确的规则和标识,引导幼儿有序使用。幼儿园应定期对物质环境进行检查和更新,确保资源的充足和适宜性。教师可以根据幼儿的兴趣和需求,灵活调整物质环境的布置,以促进幼儿游戏。

表 2-17　观察记录二：与同伴友好游戏的泽泽

基本情况	观察者	陈琦、余雨蓉	幼儿姓名	泽泽	性别	男
	观察日期	2024年3月7日	幼儿年龄	3岁8个月	观察地点	教室
	观察开始时间	9：48	观察结束时间	9：51		
观察目标	了解泽泽能否与同伴友好游戏,探究泽泽在合作游戏中的自主性、协作能力及社交互动方面的表现。						
行为描述	泽泽和轩轩玩同一筐玩具,轩轩用积木拼搭了一辆长长的车,泽泽选择了筐里的小积木进行延长。教师问:"泽泽,你在做什么呀?"泽泽看了看教师,笑了笑没说话。此时,旁边的轩轩问道:"你在做什么呀?"泽泽说:"我在做一辆车子,我要跟爸爸妈妈开车回老家。" 　　听到收玩具的音乐响起,泽泽拿起地上的积木快速地往筐里放,轩轩也拆了玩具放在筐里。这时,轩轩拿着两人的垫子往回送,泽泽看到了,立刻跑过来拦住了轩轩。他双手拉住轩轩手里的垫子,一边按住一边说道:"这是我的垫子,我拿的就让我来收吧。"轩轩说:"你收我的玩具,那我收垫子,我帮你收。"泽泽看了看轩轩,回应道:"好的,那我们一起收吧!"说完,泽泽笑着跑回玩具筐旁,将玩具送回原处。						
行为分析	1. 泽泽的创造力与想象力逐步发展。当教师询问泽泽在做什么时,泽泽虽然笑了笑没有说话,但随后在轩轩的询问下,他明确表达了自己正在制作一辆车子,并给出了具体的情境——开车回老家。这表明泽泽在游戏过程中,不仅投入了自己的情感,还展现了丰富的想象力和创造性。他能够利用小积木进行延长,构建自己心中的场景,这体现了他的创新思维和对游戏的深度参与。 2. 幼儿的社会性发展和语言表达密不可分。与之前相比,泽泽的语言表达能力有所提升,社会性也有所发展。前一阶段,在教师提醒后,泽泽爸爸会有意识地带其去小区里活动,且过年回老家一段时间,泽泽也和家中其他亲朋接触,因此语言表达能力比之前有所进步。 3. 幼儿之间的互动与合作不断发展。泽泽对于教师和其他同伴的提问不予理睬,但当轩轩提出分工收纳的建议时,他愿意采纳并合作收好玩具,说明他懂得倾听和理解,并且喜欢这个好朋友。						
教育建议	1. 注重一对一倾听与交流,观察交往过程,给予正面引导。当幼儿与人交往的过程中发生矛盾冲突时,教师不着急介入,引导幼儿自主建构经验。可以适时采用"他人自尊冲突转换法"对幼儿进行指导,设法让幼儿感受到另一个幼儿的感受,将冲突转换为积极的情感。 2. 家园合作,给泽泽提供语言表达的机会,从而提升其社会性。在班级中,教师有意识地邀请泽泽在众人面前介绍作品、表达想法。在家中,父母也应多带泽泽去公共场合交往,提升语言表达能力,促进亲社会行为。 3. 及时给予肯定与正面强化,鼓励幼儿的合作行为。邀请泽泽和轩轩在集体面前分享他们分工收纳的行为,形成正面强化,肯定泽泽初步萌发的合作意识,鼓励泽泽表达自己的想法。引导轩轩多和泽泽一同游戏,为他树立良好的榜样,进而逐渐引导泽泽的合作、分享行为。						

表2-18 观察记录三：学会帮助他人的泽泽

基本情况	观察者	陈琦、余雨蓉	幼儿姓名	泽泽	性别	男
	观察日期	2024年4月23日	幼儿年龄	3岁9个月	观察地点	教室
	观察开始时间	14：58	观察结束时间		15：41	

观察目标	探究泽泽在游戏中的协作能力、解决问题的能力及社交互动中的友好态度。
行为描述	吃完点心后，泽泽选择了自然角进行游戏。兜兜说：“我的豆子发芽了。”泽泽回应："我的也是。"看到兜兜去拿喷水壶，泽泽也准备去拿一个，发现另外一个水壶没水了，于是就看着兜兜喷水。这时候，兜兜说道："哎呀，没水啦，没水啦！"泽泽看了看他，拿了一个空水壶，说："那我帮你加水啊，你在这里等我。"兜兜"嗯"了一声，泽泽跑去盥洗室加了水，然后把水壶递给了兜兜。兜兜接过喷水壶，说了声"谢谢"。泽泽露出了笑容，回应道："不用谢，我们是好朋友。"
行为分析	1. 幼儿的观察力不断发展。当兜兜拿起喷水壶准备给豆子浇水时，泽泽观察到这一行为，并随即准备去拿另一个喷水壶。这表明泽泽具有很好的观察力和模仿能力，他能够迅速注意到同伴的行为并尝试模仿。这种行为有助于他学习和掌握新的技能和经验。 2. 幼儿在游戏中是跟随者的角色，他第一次发现喷水壶里没有水的时候并未去加，而是在兜兜提出相应需求后才行动，说明他的兴趣点不在于浇水，而是关注同伴并积极回应。 3. 幼儿具有解决问题的能力。泽泽主动提出帮兜兜装水，能够在面对困难时主动思考，寻找解决方案并付诸行动，展现了他乐于助人的亲社会行为，体现了他的合作意识和分享精神。 4. 自然角的设置激发了幼儿对植物生长的兴趣，为幼儿的探索和学习提供了条件。同时，水壶等工具的提供也促进了幼儿的游戏和互动。
教育建议	1. 多组织观察活动，鼓励幼儿主动探索与学习。教师可定期安排幼儿观察自然环境、植物生长等，并鼓励他们分享发现，以提高他们的观察力和表达能力。同时，教师可以给幼儿布置一些简单的任务，让他们带着问题去探索和学习。 2. 强化幼儿的亲社会行为，不断提高幼儿解决问题的能力。教师和其他幼儿应成为亲社会行为的榜样，通过自身的行为示范，影响和鼓励幼儿。在日常生活中，对于表现出亲社会行为的幼儿给予及时的表扬和奖励，如送小红花、小贴纸等，从而强化幼儿的积极行为。同时，教师应该多创设问题情境，组织幼儿分享经验和方法，培养其合作意识和分享精神。

二、幼儿社会适应能力的观察

（一）幼儿社会适应能力的观察特点

1. 幼儿适应群体生活的特点

3—4岁的幼儿开始对群体生活感兴趣，喜欢上幼儿园，对幼儿园的生活好奇。4—5岁的幼儿愿意并主动参加群体生活，如幼儿园的集体表演活动，愿意与家长一起参加社区的一些群体活动、亲子游戏等。5—6岁的幼儿在群体活动中积极、快乐，对小学生活有好奇和向往。

2. 幼儿遵守行为规范的特点

3—4岁的幼儿在教师和家长等的提醒下，能遵守游戏和公共场所的规则；知道不经允许不能拿别人的东西，借别人的东西要归还；在成人提醒下，爱护玩具和其他物品。4—5岁的幼儿能感受规则的意义，并能基本遵守规则；不私自拿不属于自己的东西；知道说谎是不对的；知道接受了的任务要努力完成；在教师和家长的提醒下，能节约粮食、水电等。5—6岁的幼儿能够理解规则的意义，能与同伴协商制定游戏和活动规则；爱惜物品，用别人的东西时也知道爱护；做了错事敢于承认，不说谎；能认真负责地完成自己所接受的任务；爱护身边的环境，注意节约资源。

3. 幼儿归属感的特点

3—4岁的幼儿知道和自己一起生活的家庭成员及其与自己的关系，体会到自己是家庭的一员，能感受到家庭生活的温暖，爱父母，亲近与信赖长辈；能说出自己家所在街道、小区（乡镇、村）的名称；认识国旗,知道国歌。4—5岁的幼儿能说出自己家所在地的省、市、县(区)名称,知道当地有代表性的物产或景观;知道自己是中国人,奏国歌、升国旗时能自动站好。5—6岁的幼儿表现为愿意为集体做事,为集体的成绩感到高兴;能感受到家乡的发展变化并为此感到高兴;知道自己的民族,知道中国是一个多民族的大家庭,各民族之间要互相尊重,团结友爱;知道国家一些重大成就,爱祖国,为自己是中国人感到自豪[①]。

(二)幼儿社会适应能力的观察要点

通过对幼儿社会适应的观察,教师可从幼儿具体的社会适应行为中了解其社会性行为。表2-19列出了幼儿社会适应行为的观察要点。

表 2-19　幼儿社会适应的观察要点[②]

观察要点	小　班	中　班	大　班
喜欢并适应群体生活	1. 对群体活动是否有兴趣? 2. 对幼儿园生活是否好奇,是否喜欢上幼儿园?	1. 是否愿意并主动参加群体活动? 2. 是否愿意与家长一起参加社区的一些群体活动?	1. 在群体活动中是否积极、快乐? 2. 对小学生活是否有好奇和向往?
遵守基本的行为规范	1. 在提醒下,能否遵守游戏和公共场所的规则? 2. 是否知道不经允许不能拿别人的东西,借别人的东西要归还? 3. 在成人提醒下,能否爱护玩具和其他物品?	1. 能否感受规则的意义,能否基本遵守规则? 2. 能否不私自拿不属于自己的东西? 3. 是否知道说谎是不对的? 4. 是否知道接受了的任务要努力完成? 5. 在提醒下,能否节约粮食、水电等?	1. 是否理解规则的意义? 能否与同伴协商制定游戏和活动规则? 2. 是否爱惜物品? 用别人的东西时是否知道爱护? 3. 做了错事能否敢于承认,不说谎? 4. 能否认真负责地完成自己所接受的任务? 5. 能否爱护身边的环境,注意节约资源?

注:活动评价中所包括的能力——把自己和他人放在适当活动区的能力、对自己与他人友谊的意识、对不同类型互动的识别能力。

(三)幼儿社会适应能力的案例呈现

案例2-4　入园适应中的康康[③]

一、观察背景

康康在入园的最初几天就展现出了很强的入园焦虑,对于一日生活的各个环节康康都表现出不适应,外在表现为大哭。在开学前的家访中我们也了解到,由于康康父母工作忙,康康大多数时间是由奶奶照料的,奶奶对于康康的约束较少,较为迁就康康,导致了康康入园后面对各种规则出现了不适应的情况,很多事情都需要依赖他人的帮助和提醒。

二、观察实录

表 2-20　观察记录表一:刚入园的康康

基本情况	观察者	李静宇、郭浩洋	幼儿姓名	康康	性别	男
	观察日期	2023年9月18日	幼儿年龄班	托班	观察地点	教室、户外、寝室

---

① 刘春雷.学前儿童行为观察与评价[M].长春:东北师范大学出版社,2015.
② 侯素雯,林建华.幼儿行为观察与指导这样做[M].上海:华东师范大学出版社,2014.
③ 案例提供者:江苏省苏州市工业园区文景幼儿园李静宇、郭浩洋.

观察目标	康康能否快速适应幼儿园的生活。
观察记录	（9：30—9：35）到了集体活动时间，幼儿都安静地坐在位子上。一个刚来的幼儿一边用小手抠着裤子一边四处张望着，嘴巴还小声嘀咕着："我要布啊（指奶奶）。"这时眼泪已经在打转的康康听到后也号啕大哭起来，小小的身体在椅子上扭动着，嘴里喊着："我要找布啊！" 　　（11：40—11：45）餐后散步时间，幼儿在"开小火车"。突然传来一个幼儿的哭闹声，康康听后，也放声大哭起来，甚至放慢了散步的脚步。 　　（12：10—12：20）到了午睡时间，康康一进入午睡室就大哭起来。教师坐在他身边时，他就趴在枕头上小声地抽泣，一离开他，他就开始号啕大哭，并且时不时抬头看一看教师，嘴里还会模仿教师说的话。教师说："康康不哭，奶奶放学就来接你了。"这时康康就会重复道："奶奶放学就来接你。"还会不断地坐起来向教师确认这件事，嘴里说着"奶奶放学了就会接你"，在得到教师的答复后才躺回去。教师坐在他身边轻轻拍一拍他，康康不一会儿便渐渐地进入了梦乡。
分析评价	1. 康康的父母比较忙，平时都是奶奶照顾得多，从某种程度上来讲，奶奶的集中关注和过度保护，使康康缺少与同伴交流的机会，从而导致康康适应环境的能力比较弱，难以较快适应幼儿园的生活。 2. 康康的情绪容易受同伴和玩具的影响，情绪波动较大，但也能通过转移注意力得到缓解。 3. 幼儿对自己的亲人有着强烈的依恋感。康康刚刚进入幼儿园，第一次较长时间离开家人，面对陌生的人、事、物缺乏安全感，所以在适应过程中可能会出现哭闹等情绪问题。 4. 康康在家由于没有良好的午睡习惯，导致在园无法准时自主入睡。
支持策略	1. 营造安全感：为康康创造轻松愉悦的氛围让其产生安全感，或是用一个安全的物品如毛绒玩具、衣服来暂时缓解康康的分离焦虑。 2. 分散注意力：在班级内出现哭闹情况后，可以通过带领康康看绘本或是玩游戏等来缓解他的入园焦虑。 3. 师幼互动：创设良好的师幼互动氛围，进行积极正确的引导，并对康康的行为做出积极回应。 4. 家园合作：与家长进行沟通，使其正确认识分离焦虑，当康康哭闹时，要给予积极的暗示，例如微笑鼓励康康，回忆幼儿园的快乐时光，让康康感受到幼儿园的快乐，逐渐适应幼儿园的生活；同时家长也要坚持每天送康康上幼儿园，入园可以带上一件康康最喜爱的玩具；如果有机会可以在入园前带领康康参观幼儿园，熟悉幼儿园的环境，帮助康康缓解入园焦虑；家长在家培养幼儿简单的自理能力，为康康的幼儿园生活做准备。 5. 梯度入园制度：幼儿入园第一周，亲子共同参与幼儿园的半日活动；第二周，幼儿参与到幼儿园午饭时间由家长接回；第三周，幼儿参与到集体午睡后由家长接回；第四周，全天参与幼儿园的一日生活。

表2-21　观察记录表二：午睡时的康康

基本情况	观察者	李静宇、郭浩洋	幼儿姓名	康康	性别	男
	观察日期	2023年11月8日	幼儿年龄班	托班	观察地点	寝室
	观察开始时间	12：10	观察结束时间		12：20	

观察目标	康康能否遵守午睡规则，安静地进行午睡。
观察记录	午睡时间到了，幼儿上完厕所后，陆续进入午睡室找到自己的床，准备午睡。康康进来后，直接跑到放玩具的垫子上玩了起来。教师提醒他："快来脱衣服准备睡觉啦！"康康听到后才过来，在教师的帮助下脱掉裤子，但是盖好被子后身体还是动来动去，甚至直接从床上下来，趴在床的一侧，两只小脚来回用力蹬着地面，眼珠骨碌碌地转，盯着前方。康康玩累了就干脆坐了下来，摆弄了一下自己的鞋子又回到床上，继续趴着，掀一掀自己的被子，小腿甩来甩去，与床面碰撞出清脆的响声，还时不时扭动身体，四处张望着。教师坐到他身旁说："康康，现在到午睡时间了。"他才躺到床上，用力闭上眼睛，但教师一走开，他立马就坐起来。当其他幼儿发出声音时，康康也会学着发出这种声音。

续　表

分析评价	1. 幼儿自身的原因：康康第一次与家人分开，独自在陌生环境中睡觉，这可能会造成他的不适；康康对新事物、新环境的接受能力比较弱，但当教师坐在他旁边安慰时，他也能尝试闭着眼睛睡觉。康康在幼儿园面对的是陌生的人，需要学会与陌生人相处，这对康康来说也是一种挑战，因此会有些不适应。 2. 入园准备不充分：没有在家养成良好的生活习惯以及简单的自理能力，包括早睡早起、合理安排时间等。康康大部分时间由奶奶养育，受到的约束较少，规则意识不强，因此会出现午睡困难甚至调皮的现象。 3. 安全感缺失：康康因为刚入幼儿园，内心有焦虑、紧张等情绪，对幼儿园的环境和教师有排斥的心理，没有安全感，还不能够很好地遵守午睡制度，安静午睡。 4. 教师的干预措施不够及时：当康康反复在床上床下玩时，教师没有及时提醒和引导，如果天气比较冷的话，康康可能会感冒生病，进而导致家长不满。
支持策略	1. 家园合作：与家长多多进行沟通，及时关注康康的适应情况，共同探讨午睡的解决办法，在家试着让康康午睡，使其能够较快适应幼儿园的午睡制度。 2. 营造温馨和谐的午睡氛围：例如睡前讲故事、播放轻音乐等，逐步培养康康良好的午睡习惯。 3. 正面强化：对于自主入睡的幼儿，教师在集体面前给予语言和物质奖励，正面强化该行为，从而激发康康遵守午睡规则的良好动机。 4. 及时关注个别入睡困难的幼儿：康康因为缺乏安全感难以入睡，教师应该多多关注他，坐在他旁边，讲故事或是讲悄悄话，摸一摸或是拍一拍，让康康产生安全感。

表 2-22　观察记录表三：玩沙池游戏的康康

基本情况	观察者	李静宇、郭浩洋	幼儿姓名	康康	性别	男
	观察日期	2024 年 4 月 16 日	幼儿年龄班	托班	观察地点	沙池
	观察开始时间	15：05	观察结束时间	15：11		

观察目标	康康在成人的提醒下，能否遵守玩沙池的游戏规则。
观察记录	游戏开始了，幼儿人手一把小铲子在沙池里不停地重复着挖沙和铲沙的动作，忙得不亦乐乎。这时，康康拿了一把黄色铲子，他蹲下来用铲子铲了点沙子，然后站起来将铲子朝下，从高处将沙子倒下。这时，旁边的幼儿重复说着："都弄到小朋友的眼睛里了，这个沙子都弄到我眼睛里了……"教师看到后走到康康旁边并提醒："康康，沙子扬起来会弄到小朋友眼睛里。"康康听到提醒后又蹲下来铲沙，但教师离开去关注其他幼儿后，他再次站起来将沙子从高处倒下并重复这一动作。
分析评价	托班幼儿处于自我中心阶段，规则意识比较模糊，不能站在别人的角度上考虑问题，也不能很好地管控自己的行为。在玩沙池游戏前，教师虽然和幼儿强调过规则，不可以将沙子从高处扬下，但康康并没有遵守游戏规则。康康在听到教师的提醒后，能够调整自己的行为，蹲下身子继续玩沙，但教师不在他身边的时候，他又站起来扬沙。这一行为表明，康康并不理解规则，对于规则的遵守依赖于外部提醒。
支持策略	1. 加强规则教育：通过故事、游戏等方式，向康康强调户外活动的规则和安全意识，让他明白为什么需要遵守这些规则。 2. 持续观察和引导：在户外活动中，持续关注康康的行为并适时给予提醒和引导。通过反复的强调和引导，帮助康康逐渐养成良好的行为习惯。 3. 利用同伴影响：鼓励其他幼儿与康康一起遵守规则，利用同伴的榜样作用来影响康康的行为。 4. 与家长沟通：将康康在户外活动中的表现告知家长，并请家长在家中也对其进行相关的教育和引导，家园合作共同帮助幼儿养成良好的行为习惯。 5. 利用多样化的形式：通过角色扮演或是团队活动，引导康康更有效地与别人交往，与同伴友好相处，培养康康的亲社会行为。

表 2-23　观察记录表四：同伴交往中的康康

基本情况	观察者	李静宇、郭浩洋	幼儿姓名	康康	性别	男
	观察日期	2024年4月19日	幼儿年龄班	托班	观察地点	操场
	观察开始时间	9：05	观察结束时间		9：15	

观察目标	康康在与同伴发生冲突时，能否听从成人的劝解。
观察记录	在户外自主游戏中，康康动手推了点点，点点告诉教师"康康推我"并看向康康，康康听后大哭起来。教师试着询问康康："康康，你刚刚是不是推了点点？"只见康康大声哭着，用两只小手揉着眼睛，嘴里一直喊着"我不推人了"。教师继续说道："那你跟点点道个歉！"康康继续用小手擦着眼泪，哭着说了一声"道歉"，点点听后生气地扭头走开了，嘴里还嘀咕道："就是他不道歉！"康康见状，一直在原地哭着说"我不推人了"，情绪也越来越崩溃。
分析评价	康康在自己的错误行为被指出后开始大哭，这显示出他的情绪较为脆弱。康康能够意识到自己的行为是不正确的，并且表达出了改正的意愿，反复说"我不推人了"，这表明他具有基本的是非判断能力，但还不太懂得如何正确应对和处理冲突。而且在教师的提醒下，康康不太敢于面对自己的错误，只是用哭来表达，不懂得向同伴道歉。 　　幼儿之间发生冲突时，教师只是简单询问康康有没有推人，并让康康向对方道歉，可见教师在处理幼儿的矛盾时还缺乏一定的技巧，没有做到询问事件的起因和结果。康康在被要求道歉后没有反应，教师也没有采取进一步的引导策略。面对最后康康一直哭泣，教师只是拍视频而不去理会，更没有思索冲突是否解决，因此需要多多加强此方面的技巧。
支持策略	1. 情绪安抚与引导：在康康哭泣时，教师应给予他情绪上的安抚，让他感受到安全和被理解。同时，可以引导他正确表达自己的情感和想法，比如："康康，你是不是觉得很难过？你知道推了点点是不对的，那你可以告诉点点你的感受，并且向他道歉。" 2. 角色扮演与情景模拟：组织一些角色扮演或情景模拟的活动，让幼儿在模拟的冲突情境中学习如何正确应对和处理冲突，以及如何道歉与和解。 3. 正面强化与奖励：当康康表现出积极的行为或态度时，教师应及时给予正面反馈和奖励，比如表扬他的进步，或者给予一些小奖励，以激励他继续保持良好的行为。 4. 家园共育：与康康的家长沟通，了解他在家中的行为和情绪表现，共同制定支持策略。家长可以在家中继续强化幼儿在园学到的社交技能和道德认知，提高自我管理能力。 5. 专业提升：教师通过多途径、多通道提升自己的专业素质，不偏不倚，让康康为自己的行为负责，培养康康的责任意识。同时，帮助幼儿树立正确的是非观念，在幼儿之间发生冲突而无法解决时，教师要及时引导，提高幼儿解决冲突的能力，使其明白要为自己的行为负责。

· 思政园地 ·

《幼儿园保育教育质量评估指南》部分条目

　　2022年2月，教育部发布的《幼儿园保育教育质量评估指南》明确了幼儿园保育教育质量的评估标准，其中特别强调了"师幼互动"在教育过程中的重要性，其具体表述如下。

　　25. 教师保持积极乐观愉快的情绪状态，以亲切和蔼、支持性的态度和行为与幼儿互动，平等对待每一名幼儿。幼儿在一日活动中是自信、从容的，能放心大胆地表达真实情绪和不同观点。

　　26. 支持幼儿自主选择游戏材料、同伴和玩法，支持幼儿参与一日生活中与自己有关的决策。

　　27. 认真观察幼儿在各类活动中的行为表现并做必要记录，根据一段时间的持续观察，对幼儿的发展情况和需要做出客观全面的分析,提供有针对性的支持。不急于介入或干扰幼儿的活动。

28. 重视幼儿通过绘画、讲述等方式对自己经历过的游戏、阅读图画书、观察等活动进行表达表征,教师能一对一倾听并真实记录幼儿的想法和体验。

29. 善于发现各种偶发的教育契机,能抓住活动中幼儿感兴趣或有意义的问题和情境,能识别幼儿以新的方式主动学习,及时给予有效支持。

30. 尊重并回应幼儿的想法与问题,通过开放性提问、推测、讨论等方式,支持和拓展每一个幼儿的学习。

31. 理解幼儿在健康、语言、社会、科学、艺术等各领域的学习方式,尊重幼儿发展的个体差异,发现每个幼儿的优势和长处,促进幼儿在原有水平上的发展。不片面追求某一领域、某一方面的学习和发展。

浏览以上条目,思考:为达到以上要求,作为幼儿园教师,如何做好行为观察?如何了解幼儿在各领域的学习方式?如何在幼儿园教育实践中提高师幼互动质量?

岗课赛证

一、单项选择题

1. 小豆5岁了,说话发音还是不太清楚,陈老师除了平时鼓励外,还专门查找很多相关资料并制订了矫正方案。通过老师在日常生活中的指导,以及儿歌、绕口令的练习,小豆有了较大的进步。下列选项与该案例教师职业道德要求相符合的是(　　)。(幼儿园教师资格证考试2021年下半年"综合素质"真题)

　　A.学而不思则罔,思而不学则殆

　　B.道而弗牵,强而弗抑,开而弗达

　　C.其身正,不令而行;其身不正,虽令不从

　　D.圣贤施教,各因其材,小以小成,大以大成

2. 孙老师正在给小朋友读《爱妈妈》的故事。乐乐坐不住,偷偷地扯了一下身边丽丽的头发,丽丽大叫。孙老师立即大声呵斥乐乐,并把乐乐一人安排到角落。孙老师在教育过程中违背了(　　)。(幼儿园教师资格证考试2021年上半年"综合素质"真题)

　　A.幼儿的自主性
　　B.教师的权威性
　　C.师幼的合作性
　　D.教育的平等性

二、辨析题

1. 不论在什么情景下,幼儿园教师的幼儿行为观察就是观察幼儿的一言一行、一举一动。

2. 幼儿的人际交往、语言表达,最容易被识别和观察。所以,幼儿园教师可以多多选择这样的观察内容来认识和评价幼儿。

3. 《3—6岁儿童学习与发展指南》中的幼儿学习与发展目标是教师确定观察要点的依据之一。

三、简答题

1. 幼儿情绪、动作发展、生活习惯和生活能力的观察要点有哪些?
2. 幼儿倾听、表达、阅读、前书写的观察要点有哪些?
3. 幼儿人际交往、社会适应的观察要点有哪些?

四、实训题

1. 阅读游戏案例"溜索奇遇记"①，说说溜索活动中幼儿行为观察的要点和重点，并从文本中找到依据。

2. 观看视频"元宝走竹梯"②，尝试撰写一份行为观察记录，分析元宝的行为并提出教育建议。

3. 阅读下文"不说话的慈慈"，谈谈慈慈在语言发展中存在的问题，尝试分析影响其语言发展的因素，并思考如何采取措施促进其发展。之后，查找和阅读全文，并评析该教师的教育策略。

不说话的慈慈③

近期，班上新来了一名幼儿，他性格内向，来班上3个月了，我从没听见过他和别人说过话，也从没看见过他笑。这究竟是什么原因呢？为了让他能尽快适应新环境，我决定多方尝试。

幼儿总希望获得教师的关注，刚入园的幼儿与班里其他幼儿不熟悉，通常也更愿意和教师亲近。我尝试利用这一点来帮助慈慈。每天早上来园，我都微笑着和慈慈打招呼，可慈慈却视而不见，从不给我回应。他进班时从来不看着教师，头总是低着，直到教师叫住了他，他才会斜眼看教师，眼睛里充满了害怕。一次，我跟慈慈问好之后，慈慈妈妈着急地提醒慈慈："说话呀！这孩子，就是笨！"我连忙跟慈慈妈妈表示没关系，趁我和妈妈说话的工夫，慈慈自己偷偷"溜"进了班里。虽然慈慈没有给我任何回应，但我仍然十分关注他，经常提醒慈慈去饮水，提醒他可以自己去看书，户外活动前提醒班上的幼儿关心慈慈，多给他一些帮助，等等。

经过我的这些努力，慈慈仍没有改变什么，我仍然没有见慈慈说话或展露笑容。

4. 请结合材料，从教育观的角度，评析下文中孙老师的教育行为。（幼儿园教师资格证考试2024年下半年"综合素质"真题）

豆豆小朋友不会吃饭，老师观察到其不会用勺子吃饭，便和家长沟通，发现平时都是奶奶喂饭，水也不会喝。了解情况后，在幼儿园老师在吃饭和喝水环节有意识地引导。在游戏时，老师让豆豆用勺子喂娃娃吃饭，锻炼他的手眼协调能力；喝水的时候让豆豆用吸管喝水，过几天把吸管拿下去，豆豆就会用水杯喝水了；吃饭每次给豆豆少打一些，鼓励豆豆一小口一小口吃掉，吃完再来加量。慢慢地，豆豆学会了正常进餐。

🌐 **拓展阅读**

1. 李娇.不说话的慈慈[J].学前教育（幼教），2021（Z1）：30—32.

2. 王晓芬，吴桢.幼儿园教师生活活动观察记录文本分析[J].幼儿教育，2023（36）：22—25.

3. 王晓芬，陈惠婷.幼儿园教师户外活动观察水平及其改进建议[J].幼儿教育，2023（Z6）：15—19.

---

① 案例提供者：广西壮族自治区钦州市幼儿园李良、农敏、翁誉元。
② 视频提供者：江苏省昆山市淞南幼儿园潘艳。
③ 李娇.不说话的慈慈[J].学前教育（幼教），2021（Z1）：30—32.

第三章

各领域活动中幼儿行为的观察要点（二）

章节导入

李老师是幼儿园的新老师。她在一次科学活动中给幼儿提供了丰富的操作材料。活动一开始，幼儿便一拥而上争抢材料，热热闹闹地"操作"起来。李老师则开始不断地巡回观察他们的表现，希望通过观察幼儿的行为来了解他们。但是幼儿在操作过程中状况百出，面对纷繁复杂的活动，李老师不知从何开始观察，更不清楚科学活动的具体观察要点。

幼儿的科学学习是在探究具体事物和解决实际问题中，尝试发现事物间异同和联系的过程。那么对幼儿科学活动的观察要点是什么？此外，对幼儿艺术和游戏活动的观察要点又是什么？在观察过程中又该如何记录幼儿的行为？让我们带着这些问题一起进入本章学习。

学习要点

1. 了解科学、艺术、各类游戏中幼儿行为观察的要点。
2. 学会区分科学、艺术、各类游戏中不同年龄段幼儿行为观察的要点。
3. 深刻理解幼儿行为观察的复杂性，树立"幼儿为本"的观察理念。

第一节　科学领域幼儿行为的观察要点

有人说，幼儿是天生的科学家，日常活动中都是他们自发探索这个世界的足迹。你是否注意到了他们的这些表现？应当如何及时抓住这些机会，支持幼儿的科学探究呢？幼儿科学探究以及数学学习行为的观察要点又有哪些呢？

一、幼儿科学探究兴趣的观察

（一）幼儿科学探究兴趣的特点

学前儿童探究的兴趣是其科学探究发展目标中在情感态度方面的要求，也是学前儿童科学探究中的首要目标和前提性目标。3—4岁的学前儿童喜欢接触大自然，对周围的很多事物和现象感兴趣；经常问各种问题，或好奇地摆弄物品。4—5岁的学前儿童喜欢接触新事物，经常问一些与新事物有关的问题；常常动手动脑探索物体和材料，并乐在其中。5—6岁的学前儿童对自己感兴趣的问题总是刨根问底，能经常动手动脑寻找问题的答案，探索中有所发现时感到兴奋和满足。

幼儿教师应该不断增加自己的知识储备和教学经验，尽可能回应好奇心强的学前儿童提出的问题，积极培养学前儿童各方面的兴趣，为形成其探究能力打下坚实的基础。同时，幼儿教师也应当尊重学前儿童的兴趣，避免为了发展其科学探究能力、积累科学知识而抹杀学前儿童的兴趣[1]。

（二）幼儿科学探究兴趣的观察要点

小班：是否喜欢接触大自然，关心爱护动植物和周围的环境？

中班：是否有兴趣参与简单的制作活动？是否喜欢动手动脑探索物体和材料，并乐在其中？

大班：是否对周围的事物和现象感兴趣？对自己感兴趣的问题是否喜欢刨根问底？

（三）幼儿科学探究兴趣的案例呈现

案例3-1　观察探究植物[2]

一、基本信息

观察日期：2024年4月10日　　观察时间：10：15—10：19

观察地点：中班科探区（自然角）　　观察对象：小宇、丁丁、琪琪

二、观察目标

① 了解幼儿对科学、对自然的探究兴趣。

② 观察幼儿在探究自然角时能否感知植物的生长变化。

③ 评价幼儿的同伴交往能力，是否喜欢与同伴交流自己的发现。

三、行为描述

区域游戏时间，小宇在科探区进行游戏。这时，同伴丁丁、琪琪邀请他一起去自然角，于是他跟着好朋友们来到了阳台。

他们在花架前观察植物。小宇先是用手摸了摸吊兰的叶子，接着摸了摸满天星的叶子，自言自语道："这个叶子好硬啊！"丁丁听见了，也准备伸手去摸吊兰的叶子，小宇对他说道："这些植物要轻轻地摸，不能把它们弄疼了。"他们又去观察了其他植物，丁丁闻了闻一片叶子，说道："这叶子像橘子一样香香的。"说完他拍了拍琪琪，"你闻闻看。"琪琪凑过去闻了闻，说道："真的，这叶子有一点橘子的味道。"这时小宇也凑近一片叶子闻了闻，说道："我的叶子也是香香的，有点像苹果。"然后闻了闻旁边的叶子，发现没有味道。这时，丁丁说："我的叶子都是椭圆形的，那边的叶子有尖头。"小宇指了指旁边的植物："这个叶子很长，还很粗……"

这时，琪琪看到了一种植物，她指了指叶子，大声说道："它的叶子不是全绿的，旁边还有红的。"于是大家都看向了长有红色叶子的植物，发现这个植物有的叶子确实是红色的。大家都去摸了摸，又有了新的发现：红色的叶子很光滑，绿色的叶子摸上去有点硬。小宇问教师："刘老师，这是什么植物？"教师说："这叫红掌。"琪琪说道："我知道，它的叶子是红的，而且像手一样很大，所以叫红掌，对不对？"教师摸摸她的头："是的，你真聪明，能够通过叶子的颜色和形状知道它的名字。"她听了笑了起来。这时，丁丁问教师："为什么这个叶子有的是红色，有的是绿色

① 刘春雷.学前儿童行为观察与评价［M］.长春：东北师范大学出版社，2015.
② 案例提供者：江苏省南通市通师一附万濠星城幼儿园刘华东。

啊?""这个问题问得很好,你可以自己去寻找答案,比如看绘本,和爸爸妈妈一起观看科学动画,然后把你了解到的内容和好朋友一起交流分享,可以吗?"他点点头同意了。之后,他们拿起观察记录本开始记录今天的游戏发现。

四、行为分析

从以上活动中不难看出,三名幼儿对观察植物表现出了浓厚的兴趣,可见大自然充满了活教材,能激发幼儿的兴趣和好奇心。幼儿能运用多种感官(看、摸、闻)感知植物的特性,在观察中有新发现,提新问题,说明他们愿意亲近自然,喜欢探究,与《指南》科学领域中"喜欢接触新事物,经常问一些与新事物有关的问题"相符合。

幼儿通过自己的观察、比较,以及与同伴间的相互学习和讨论,能比较全面地发现不同叶子的特征。在互相交流中他们还学会了有目的地观察叶子的方法,知道了从哪几个方面去看叶子,如形状、颜色、气味、质感等。他们还能形象地对一些叶子进行描述,在描述的过程中语言表达能力得到了提高。由此可见,这三名幼儿在发现问题、探究问题的过程中学会了观察、思考和交流,具有初步的探究能力,与《指南》中中班幼儿在探究能力方面"能对事物或现象进行观察比较,发现其相同与不同"相符合。

幼儿向教师提出问题,教师没有直接给出答案,而是将问题重新抛给幼儿,引导他们自己去主动探索,幼儿带着好奇心,从而对探索问题有了进一步的热情和积极性。这是一种自发的学习,也是一种对兴趣的主动探索,这种科学学习可以使幼儿形成受益终身的学习态度和能力。

五、教育建议

1. 要善于将教育资源扩展到大自然中,利用幼儿天生的好奇心,鼓励他们看一看、摸一摸、听一听、闻一闻,感受自然的乐趣。

2. 通过拍照和画图等方式记录幼儿有趣的探索和发现,在之后的游戏评价时引导他们交流在自然角中发生的故事,以此帮助幼儿梳理经验,引发更多的思考与探索。

3. 我们可以为幼儿提供更多的探索工具,比如记录纸、更多的植物、拍照工具等,吸引他们继续探究或者把探究结果用自己喜欢的方式表征出来。

二、幼儿科学探究能力的观察

(一)幼儿科学探究能力的特点

学前儿童探究的能力是其科学探究发展目标中在方法能力方面的要求,也是其科学探究中的重要目标和关键性目标。3—4岁的学前儿童对感兴趣的事物能仔细观察,发现其明显特征;能用多种感官或动作去探索物体,关注动作产生的结果。4—5岁的学前儿童能对事物或现象进行观察比较,发现其相同与不同;能根据观察结果提出问题,并大胆猜测答案;能通过简单的调查收集信息;能用图画或其他符号进行记录。5—6岁的学前儿童能通过观察、比较与分析,发现并描述不同种类物体的特征或某个事物前后的变化;能用一定的方法验证自己的猜测;在成人的帮助下能制订简单的调查计划并执行;能用数字、图画、图表或其他符号记录;探究中能与他人合作与交流。幼儿教师应该根据学前儿童的年龄特点,逐渐教授学前儿童观察比较、实验验证、调查测量等科学探究的方法,带领学前儿童体验观察探索、思考猜测、调查验证、收集信息、得出结论与合作交流的科学探究过程,从而引导学前儿童从运用基本探究方法解决简单的科学探究问题向综合运用多种探究方法解决复杂的问题过渡,逐渐培养学前儿童的科学探究能力[1]。

---

① 刘春雷.学前儿童行为观察与评价[M].长春:东北师范大学出版社,2015.

（二）幼儿科学探究能力的观察要点

幼儿科学探究能力的观察要点详见表3-1。

表3-1　幼儿科学探究能力的观察要点

观察维度	小　班	中　班	大　班
观察	能否对感兴趣的事物仔细观察，发现其明显特征	能否用多种感官感知事物的特征	能否通过观察、比较与分析，发现并描述不同种类物体的特征或某个事物前后的变化
探索	能否用多种感官或动作探索物体，关注动作所产生的结果	能否根据观察结果提出问题，并大胆猜测答案	能否用一定的方法验证自己的猜测，在成人的帮助下制订简单的调查计划并执行；能否用数字、图画、图表或其他符号记录；能否在探究中和他人合作与交流
收集	能否通过简单的调查收集信息	能否通过简单的调查收集信息，用图画或其他符号进行记录	能否用简单的工具进行测量；能否运用正确的测量方法；能否用图画或其他符号记录自己的探究过程
感知	能否感知和发现物体与材料的软硬、光滑和粗糙等特性；能否感知和体验天气对自己生活和活动的影响	能否感知和发现简单的物理现象，如物体的形态和位置变化；能否感知和发现常见材料的溶解、传热等性质和用途	能否发现常见物体结构与功能之间的关系；能否探索并发现常见的物理现象产生的条件或影响因素，如影子、沉浮等

（三）幼儿科学探究能力的案例呈现

纸桥游戏探索[①]　　纸桥游戏探索

三、幼儿数学学习行为的特点和观察要点

（一）幼儿数学学习行为的特点

幼儿数学学习行为的特点详见表3-2。

表3-2　幼儿数学学习行为的特点

维度	小　班	中　班	大　班
兴趣	能感知和发现周围物体的形状是多种多样的，对不同的形状感兴趣	在指导下，能感知和体会有些事物可以用形状来描述	能发现事物简单的排列规律，并尝试创造新的排列规律
量的关系	能感知和区分物体的大小、多少、高矮、长短等量方面的特点，并能用相应的词表示	能感知和区分物体的粗细、厚薄、轻重等量方面的特点，并能用相应的词语描述	能初步理解量的相对性
比较	能通过一一对应的方法比较两组物体的多少	能通过数数比较两组物体的多少	能借助情境和操作理解加和减的实际意义
数量关系	能手口一致地点数5个以内的物体并说出总数，能按数取物	能通过实际操作理解数与数之间的关系，如5比4多1，2和3合在一起是5	能通过实物操作或其他方法进行10以内的加减运算

[①]　案例提供者：江苏省南通市通师一附万濠星城幼儿园花莉。

维度	小 班	中 班	大 班
形状	能注意物体较明显的形状特征,并用自己的语言进行描述	能感知物体的形状结构特征,画出或拼搭出该物体的造型	能用常见的几何形体有创意地拼搭和画出物体的造型
空间	能感知物体基本的空间位置与方位,理解上下、前后、里外等方位词	能使用上下、前后、里外、中间、旁边等方位词描述物体的位置和运动方向	能按语言指示或根据简单示意图正确取放物品,能辨别自己的左右

(二)幼儿数学学习行为的观察要点

幼儿数学学习行为的观察要点可参考表3-3中对幼儿数学认知发展的评估。

表3-3 幼儿数学认知发展评估表[①]

序号	内容	评分标准					
		1	2	3	4	5	6
1	10以内唱数、点数、数物匹配及数量守恒	会唱1—10	手口一致点数1—10	掌握10以内的数列	10以内数物匹配	10以内数的守恒	长度、体积守恒
2	10以内数的组成及加减	5以内数的组成	口算5以内数的加减	口算7以内数的组成、加减	口算、笔算10以内数的加减应用题	口算10以内数的加减应用题	能熟练地编、解10以内数的加减应用题
3	对几何形状的认识	认识圆形、正方形	认识三角形、长方形	认识半圆形、梯形	认识半圆、椭圆形、菱形	认识长方体、正方体	认识圆柱体、圆锥体
4	具有初步的时间和空间概念	知道早、中、晚,能区分上下	知道今天、昨天、明天,能区分里外	知道一星期有7天,当天是星期几,能区分前后	知道月、日,能区分远近	认识时钟的正点和半点,能以自我为参照区分左右	认识时钟的分,能以相对参照区分左右
5	按实物特征分类的能力	不会分类	会按一种特点分类	会按一种特点迅速分类	会按两种特点分类	会按两种特点迅速分类	会按两种以上特点分类
6	根据各种标准或规律排序的能力	不会排序	会将5个长短差别比较明显的物体排序	会将5个大小差别比较明显的物体排序	会将10个差别比较大的物体排序	会将10个长短差别比较细微的物体排除	能自己找出规律并按规律排序

(三)幼儿数学学习行为的案例呈现

案例3-2 玩钓鱼的晨晨和乐乐[②]

一、基本信息

年龄段:小班下学期 观察日期:2024年5月23日 观察时间:10:15—10:25
幼儿姓名:晨晨(女孩)、乐乐(男孩)

---

① 孙诚.幼儿行为观察与指导[M].长春:东北师范大学出版社,2014.
② 案例提供者:江苏省如皋市搬经镇高明幼儿园戴灵梅。

观察背景：晨晨和乐乐在益智区玩钓鱼游戏。

二、行为描述

区域活动时，晨晨和乐乐选择了钓鱼游戏材料，两人很快就把篓子里的鱼全部钓出摆放在面前的桌子上，然后重新放回篓子，继续游戏。过程中两人各自游戏，没有语言的沟通，教师打算与他们建立联系并进行互动。

"哇，你们钓了这么多鱼呀！共有几条呢？"乐乐数了数桌上的鱼，告诉教师："有9条。""这9条鱼一样吗？"乐乐看看面前的鱼，说："不一样，这是燕鱼，它像燕子一样。这是灯笼鱼，它就像个小灯笼……""晨晨，你钓了几条鱼？"她点数后，伸出3根手指头比画着对教师说："3个鱼。"

教师拿起一根钓竿钓了一条蝴蝶鱼，告诉晨晨："这是一条剑鱼，它像剑一样，鱼我们称它为'条'，不是一个鱼哟！"随后，晨晨钓起一条八爪鱼，大声说："老师，我钓了一条八爪鱼。"教师给了她一个肯定的微笑。接着，两个幼儿钓鱼时会有意地观察鱼的外形特征，边钓鱼边数数，并用语言"我钓了一条××鱼"的句式表达自己钓到的鱼。过程中，晨晨会主动与乐乐交流，如："我钓的比你多。""我钓了6条鱼，你钓了几条鱼啊？"……

三、行为分析

1. 幼儿能手口一致点数15以内物品的数量，掌握数物对应的关系。在教师的启发引导下，晨晨模仿乐乐将钓到的鱼排成一排，两人都能手口一致地点数15以内的鱼的数量，并能说出总数，两人目前的数数能力已超过《指南》中小班下学期的认知水平。

2. 幼儿能根据鱼的外形特征给鱼取名字，观察力、想象力和语言表达能力较强。游戏过程中，幼儿会有意识地观察鱼的外形特征，创造性地给鱼取名，还会一边钓鱼一边与同伴分享自己的钓鱼情况。

3. 晨晨语言交流频繁，学习能力较强。晨晨开始不会正确用"条"这个量词，在教师引导后，她很快就学会了；她看到乐乐将钓到的鱼一条接着一条地排成一排，很快调整了自己的排列方式，方便点数鱼的数量。她能主动与同伴交流，有较强的语言表达和互动能力。

4. 幼儿具有良好的学习品质和游戏精神。在钓鱼的游戏过程中，幼儿在教师的引导下能专注游戏，认真观察，积极表达，具有良好的学习品质。

四、教育建议

1. 增加游戏材料，提供不同层次的支架，将游戏设置成难易不同的等级，以满足不同能力水平幼儿游戏与发展的需要。

层次一：数物对应。提供纸杯，杯身1—10的点点或数字，引导幼儿将钓到的鱼放入杯中，一个点放一条鱼，两个点放两条，以此类推，让幼儿在游戏中巩固数物对应。

层次二：匹配。杯身贴鱼的图片，幼儿根据纸杯上的提示将钓到的鱼进行匹配，发展幼儿观察和分类的能力。

层次三：分类比较。提供分类板，上面贴有透明胶带，引导幼儿将钓到的鱼分类排列，数数哪种鱼多，发展幼儿观察、比较和推理的能力。

2. 创设游戏情境"小猫吃鱼"，持续激发幼儿游戏的兴趣。教师可提供贴有不同特征小猫图片的盒子，盒子上贴数字和鱼的图片，幼儿根据提示将钓到的鱼送给小猫，如2条燕鱼、3条金鱼、5条鲤鱼。

3. 设置挑战赛。教师可以提供沙漏，让幼儿进行一分钟钓鱼挑战赛，比一比一分钟以内谁钓的鱼最多、哪个品种的鱼最多……巩固幼儿对不同鱼的认识，初步培养幼儿的竞争意识和感知数的能力。

第二节　艺术领域幼儿行为的观察要点

当幼儿还不善于使用语言的时候,他们已经会用肢体语言、声音或图画来表达自己的意愿和感受,这其实就是他们的一种艺术语言。对于幼儿艺术行为的观察有一些可以遵循的要点,本节将梳理这些观察要点。

一、幼儿感受自然界与生活中美的观察

(一)幼儿感受自然界与生活中美的特点

《指南》中艺术领域要求,引导学前儿童接触生活中美好的事物和感人事件,丰富幼儿的感性经验和情感体验。3—4岁的幼儿喜欢观看花草树木、日月星辰等大自然中美的事物;容易被自然界中的风声、雨声、鸟鸣等好听的声音所吸引。4—5岁的幼儿在欣赏自然界和生活环境中美的事物时,更为关注其色彩、形态等特征;喜欢倾听各种好听的声音,能够感知声音的高低、长短、强弱等变化。5—6岁的幼儿乐于收集美的物品或向别人介绍所发现的美的事物;乐于模仿自然界和生活环境中有特点的声音,并产生相应的联想。

(二)幼儿感受自然界与生活中美的观察要点

小班:是否喜欢观看花草树木、日月星辰等大自然中美的事物? 是否容易被自然界中的鸟鸣、风声、雨声等好听的声音所吸引?

中班:是否喜欢倾听各种好听的声音,感知声音的高低、长短、强弱等变化? 在欣赏自然界和生活环境中美的事物时,是否关注其色彩、形态等特征?

大班:是否乐于收集美的物品或向别人介绍所发现的美的事物? 是否乐于模仿自然界和生活环境中有特点的声音,并产生相应的联想?

(三)幼儿感受自然界与生活中美的案例呈现

花儿的到来
和离开[①]

二、幼儿欣赏艺术形式和作品的观察

(一)幼儿欣赏艺术形式和作品的特点

《指南》中艺术领域要求,引导学前儿童欣赏艺术作品,激发儿童表现美和创造美的情趣。3—4岁的幼儿喜欢听音乐或观看舞蹈、戏剧等表演,乐于观看绘画、泥塑或其他艺术形式的作品;4—5岁的幼儿能够专心地观看自己喜欢的文艺演出或艺术品,有模仿和参与的愿望,欣赏艺术作品时会产生相应的联想和情绪反应;5—6岁的幼儿在艺术欣赏时常常用表情、动作、语言等方式表达自己的理解,愿意和别人分享、交流自己喜爱的艺术作品和美感体验。

(二)幼儿欣赏艺术形式和作品的观察要点

小班:是否乐于观看绘画、泥塑或其他艺术形式的作品? 是否喜欢听音乐或观看舞蹈、戏剧等表演?

中班:能否专心地观看自己喜欢的文艺演出或艺术品? 是否有模仿和参与的愿望? 欣赏艺术作品

---

① 案例提供者:江苏省苏州市工业园区尚城幼儿园居承逸。

时是否会产生相应的联想和情绪反应？

大班：欣赏艺术作品时是否常常使用表情、动作、语言等方式表达自己的理解？是否愿意和别人分享、交流自己喜爱的艺术作品和美感体验？

（三）幼儿欣赏艺术形式和作品的案例呈现

案例3-3 孩子眼里的"马蒂斯"[①]

1. 美工区幼儿的自主欣赏

教师在美工区准备了《国王的眼泪》《舞蹈》《戴帽子的女人》等几幅作品。通过几天的观察，教师发现幼儿非常喜欢这些色彩艳丽、动作夸张的作品。常常几个人在一起互相议论，猜测画面中的内容，对其中的颜色和线条以及一些与众不同的表现手法充满了好奇。

2. 集体教学活动的开展

活动环节一：你喜欢马蒂斯的作品吗

来来说："颜色很多，很漂亮。"琪琪说："我觉得颜色很鲜艳。"

活动环节二：与马蒂斯的色彩对话

教师问道："你发现画面中有哪些颜色？你喜欢哪种颜色？为什么？"乐乐说："我看见了黑色，我觉得黑色像是黑黑的夜晚，让人觉得很害怕，很孤单。"俊俊说："我看到了白色，想到了鸽子，因为鸽子象征着和平。"小宇说："我看到了很多蓝色，还有点黄色。我喜欢黄色，很好看，很像是树叶。"

活动环节三：一起为作品取名

"你觉得这幅画里面会有怎样的故事呢？试着给它取个名字。"有的取名为"舞台"，教师回应道："这是根据场景来取名的。"有的取名为"难过"，教师回应道："这是根据画里的心情来取名的。"

活动环节四：色彩反映了作者的心情

最后教师提问道："现在你能知道马蒂斯爷爷画画时的心情是怎样的吗？是从哪里看出来的？"乐乐说："黑黑的颜色是冷冷的颜色，说明作家爷爷画画时心情不好。"天天说："里面蓝颜色也很多，也代表着难过的心情。"

美术活动结束后，教师又鼓励幼儿试着将欣赏经验迁移到别的抽象画作品中去，找找除了色彩、动作、景物外还有什么地方可以反映画家的心情，也可以试着为马蒂斯爷爷别的作品命名。

上述案例中的集体教学活动来源于幼儿在个别化学习活动中的共性问题，充分体现了教师正确的儿童观和课程观。只有心中有幼儿、仔细观察幼儿如何与材料进行互动的教师，才能及时捕捉到幼儿的兴趣与问题，并以此作为集体教学活动的内容。来源于幼儿兴趣的活动才是真正的课程。

当幼儿说出与画家创作原意不符的意见时，教师并没有立即否定幼儿的表达，而是引导幼儿通过观察、联想、想象进行充分的情感体验，在幼儿与作品充分对话的基础上，给予适当的暗示，提升幼儿的审美能力。整个活动建立在开放、自由、平等的审美情境中，教师不再是权威和专家，而是幼儿的学习共同体，与幼儿共同学习、共同成长。综上，通过对比幼儿在教师指导前和指导后的欣赏水平，发现幼儿的观察力和艺术欣赏力得到了提升。

---

① 案例提供者：上海市黄浦区小天地幼儿园顾雯怡。

三、幼儿艺术表现的观察

(一)幼儿艺术表现的特点

《指南》中艺术领域要求,为学前儿童提供自由表现的机会,鼓励儿童大胆运用不同的艺术形式表达自己的经验、感受和体验。3—4岁的幼儿经常自哼自唱或模仿有趣的动作、表情和声调,经常涂涂画画、粘粘贴贴并乐在其中;4—5岁的幼儿经常唱唱跳跳,愿意参加歌唱、律动、舞蹈、表演等活动,经常用绘画、捏泥、手工制作等多种方式表现自己的所见所想;5—6岁的幼儿积极参与艺术活动,有自己比较喜欢的活动形式,能用多种工具、材料或不同的表现手法表达自己的感受和想象,在艺术活动中能与他人相互配合,也能独立表现。

(二)幼儿艺术表现的观察要点

幼儿艺术表现行为的观察要点详见表3-4。

表3-4 幼儿艺术表现行为观察要点

小 班	中 班	大 班
是否经常涂涂画画、粘粘贴贴并乐在其中?	能否经常用绘画、捏泥、手工制作等多种方式表现自己的所见所想?	能否积极参与艺术活动,有自己比较喜欢的活动形式?艺术活动中是否既能与他人相互配合又能独立表现?
能否模仿学唱短小歌曲?	能否用自然的、音量适中的声音基本准确地唱歌?	能用基本准确的节奏和音调唱歌?
能否跟随熟悉的音乐做身体动作?	是否经常唱唱跳跳,愿意参加歌唱、律动、舞蹈、表演等活动?	能否用律动或简单的舞蹈动作表现自己的情绪或自然界的情景?

(三)幼儿艺术表现的案例呈现

案例3-4 毛根花束创作[①]

一、基本信息

观察日期:2024年5月10日 观察时间:15:10—15:35
观察对象:白白、紫紫、绿绿、红红等 幼儿年龄:5岁
观察背景:区域游戏时间,幼儿在美工区选取了毛根这一材料进行手工创作。

二、行为描述

游戏开始了,红红选择了一根毛根,说:"我会用毛根做卷卷花。"她将毛根缠绕在筷子上,然后取下,将卷后的毛根缠绕在了花秆上,说:"你们看,就是这样子的,很简单吧!"一旁的紫紫、白白、绿绿都拿起了三根毛根,将三根毛根先交叉在一起,然后将每根毛根依次用螺旋的方式向内旋转,卷出圆形"花瓣"并缠绕在了花秆上。紫紫说:"做好啦,我的小花漂亮吧!"绿绿数道:"1,2,3,4,5。哇,你的小花有5片花瓣,真好看。"教师说:"你们多做点小花,就可以变成花了。"幼儿们点了点头,继续以旋转方式制作毛根花束。

过了5分钟,紫紫开始尝试制作不一样的毛根花朵。她将花瓣对折扭一圈,重复扭完花瓣后将底部旋转固定在一起,制作出镂空花朵。白白说:"哇,你的小花好漂亮!教教我怎么做的。"紫紫点点头。就这样,幼儿们互相学习,制作了各种各样的小花,并将其插进了花泥中。

---

① 案例提供者:江苏省南通市五山小学附属幼儿园王希。

"有这么多的小花，我们把它们都包在一起吧！"紫紫说。"我在花店看过包花，我会。"绿绿说。红红与绿绿、白白与紫紫两两合作，一起包装花束。绿绿、白白拿来了包装纸，红红、紫紫用纸包住小花。随后，白白、紫紫用毛根绕到花束后方，在前方将两根毛根交叉，随后一根穿进圈内，打结成功。紫紫还打了个"蝴蝶结"呢！毛根花束便制作完成了！

三、行为分析

1. 活动兴趣：幼儿的活动兴趣较高，在活动中积极参与、主动思考、创造性设计。

2. 学习品质：幼儿表现出积极主动、认真专注、敢于探究和尝试、乐于创造等良好品质。

3. 游戏行为：

（1）艺术：符合"喜欢进行艺术活动并大胆表现""具有初步的艺术表现与创造能力"，能认真地参与到手工活动中并且发挥想象。

（2）社会：符合"愿意与人交往""能与同伴友好相处"，在活动中与同伴进行良好交流，共同合作。

（3）健康：符合"手的动作灵活协调"，毛根花朵的制作需要幼儿精细动作和手眼协调的发展。

（4）语言：符合"认真听并能听懂常用语言""愿意讲话并能清楚地表达"，能以对话形式进行沟通与协商。

（5）科学：符合"喜欢探究""感知理解数、量及数量关系"，能一一对应进行点数，并探究花朵的多种做法。

四、教育建议

1. 提供不同类型的黏土、珠子、画笔等。激发幼儿想象力和创造力，尝试不同的造型与组合。

2. 给予足够且自由的空间和时间。鼓励幼儿将自己的喜好和想法融入作品中，不过多干涉，必要时给予引导和鼓励。

3. 对幼儿作品及时进行积极反馈。指出作品中的独特之处，不断增强幼儿的自信心，促进其艺术兴趣和创作动力的持续发展。

4. 鼓励幼儿大胆与同伴合作。如，讲述一个关于小动物用毛根一起搭建美丽花园的故事，让幼儿产生合作的向往；通过与他人交流与合作，学习他人的观点和创意，在交流中提高语言表达能力。

5. 展示多种毛根作品，提供新的技巧和方法。例如，展示如何使用毛根制作较复杂的花束，或者提供成品花束供幼儿欣赏。

四、幼儿艺术创造的观察

（一）幼儿艺术创造的特点

《指南》中艺术领域要求，指导学前儿童利用身边的物品和废旧材料制作各种玩具、工艺装饰品，体验创造的乐趣，为幼儿创造展示自己作品的条件，引导幼儿相互交流、理解和欣赏。不同年龄阶段幼儿艺术创造的发展特点见表3-5。

表 3-5　不同年龄阶段幼儿艺术创造的发展特点

3—4岁	4—5岁	5—6岁
能模仿学唱短小歌曲，能跟随熟悉的音乐做身体动作	能用自然的、音量适中的声音基本准确地唱歌，能通过即兴哼唱、即兴表演或给熟悉的歌曲编词来表达自己的心情	能用基本准确的节奏和音调唱歌

3—4岁	4—5岁	5—6岁
能用简单的线条和色彩大体画出自己想画的人或事物	能运用绘画、手工制作等表现自己观察或想象的事物	能用自己制作的美术作品布置环境、美化生活
能用声音、动作、姿态模拟自然界的事物和生活情境	能用拍手、踏脚等身体动作或可敲击的物品敲打节拍和基本节奏	能用律动或简单的舞蹈动作表现自己的情绪或自然界的情景,能自编自演故事,并为表演选择和搭配简单的服饰、道具或布景

(二)幼儿艺术创造的观察要点

幼儿艺术创造的观察要点详见表3-6。

表3-6 幼儿艺术创造的观察要点

小 班	中 班	大 班
能否经常自哼自唱或模仿有趣的动作、表情和声调?	能否通过即兴哼唱、即兴表演或给熟悉的歌曲编词来表达自己的心情?	能否用多种工具、材料或不同的表现手法表达自己的感受和想象?
能否用简单的线条和色彩大体画出自己想画的人或事物?	能否运用绘画、手工制作等方式表现自己观察或想象到的事物?	能否用自己制作的美术作品布置环境、美化生活?
能否用声音、动作、姿态模拟自然界的事物和生活情景?	能否用拍手、踩脚等身体动作或可敲击的物品敲打节拍和基本节奏?	能否自编自演故事,并为表演选择和搭配简单的服饰、道具或布景?

(三)幼儿艺术创造的案例呈现

中班欣悦绘画《采花》[1]

第三节 游戏活动的观察要点

游戏是幼儿园的基本活动,幼儿天生喜爱游戏。游戏为幼儿提供了探索周围世界、自由表达和创造的机会,促进了幼儿各方面的发展,了解幼儿游戏活动的观察要点是观察评价幼儿游戏活动的前提。

一、幼儿游戏行为观察要点及发展提示

通过对幼儿游戏的观察,教师可从其游戏行为中了解幼儿的发展水平。表3-7是幼儿游戏行为的观察要点及发展提示,提示教师在幼儿游戏过程中可从表征行为、构造行为、合作行为、规则行为四个方面进行观察,并将观察要点与幼儿发展内容对应,以使观察更具针对性。

二、各类型游戏的观察要点

幼儿的游戏多种多样,如角色游戏、建构游戏、表演游戏等。不同的游戏活动有不同的观察要点,教师应当根据游戏的性质参考相应的要点进行观察。表3-7呈现了幼儿游戏行为的观察要点及其发展提示。

---

① 案例提供者:南通大学教育科学学院杨乐。

表 3-7　游戏观察要点及发展提示 [①]

观察维度	观察要点	发展提示
表征行为	能否清楚地分辨自我和角色、真和假？	自我意识
	出现哪些主题和情节？	社会经验范围
	动机出自物的诱惑、模仿、意愿	行为的主动性
	行为仅仅指向物还是指向其他角色？	社会交往、语言表达
	行为指向哪些相对应的角色？	社会关系认知
	行为与角色原型的行为、职责的一致性程度	社会角色认知
	同一主题情节的复杂性和持久性	行为的目的性
	行为是以物品为主还是以角色关系为主？	认知风格
	是否使用替代物进行表征？	表征思维的出现
	同一情节中是否使用多物替代？	想象力
	替代物与原型之间的相似程度	思维的抽象性
	用同一物品进行多种替代	思维的变通和灵活
	用不同物品进行同一替代	思维的变通和灵活
	对物品进行简单改变后再用以替代	创造性想象
构造行为	对结构材料拼搭接插的准确性和牢固性	精细动作、眼手协调
	对造型是先做后想，还是边做边想，或先想好了再做？	行为的有意性
	构造哪些作品？	生活经验
	是否按一定规则对材料的形状、颜色有选择地进行构造？	逻辑经验
	注重构造过程还是不同程度地追求构造结果？	行为的目的性
	是否会用多种不同材料搭配构造？	创造性想象力
	构造作品外形的相似性	表现力
	构造作品的复杂性	想象的丰富性
	是否能探索和发现材料特性并解决构造中的难题？	新经验与思维变通
合作行为	独自游戏、平行游戏、合作游戏	群体意识
	更多主动与人沟通还是被动沟通？	交往的主动性
	更多指使别人还是跟从别人？	独立性
	是否会采用协商的办法处理玩伴关系？	交往机智
	是否会同情、关心别人和取得别人的同情与关心？	情感能力
	交往合作中的沟通语言	语言与情感的表达与理解
	是否善于调整自己的行为以适应他人？	自我意识

① 上海市教育委员会.上海市学前教育课程指南（试行稿）[M].上海：上海教育出版社,2004.

续　表

观察维度	观察要点	发展提示
规则行为	是否能爱惜物品、坚持整理玩具、物归原处等?	行为习惯
	是否使用一定规则解决玩伴纠纷?	公正意识
	是否喜欢规则游戏?	竞赛意识
	是否自觉遵守游戏规则?	规则意识
	是否创造游戏规则?	自律和责任
	游戏规则的复杂性	逻辑思维

(一) 角色游戏的观察要点

幼儿进行角色游戏时教师可注意观察以下五点。

(1) 游戏主题与情节的创造性。在教师创设游戏环境和提供材料的基础上,观察幼儿游戏是否有新的主题和情节出现。教师要为幼儿提供多种多样的、能够引发其进行角色游戏的玩具材料,以方便幼儿进行创造性活动。

(2) 幼儿角色意识。教师要等幼儿彼此熟悉或者对扮演的角色有较多的经验时再开始观察游戏,观察幼儿角色意识的强弱程度。

(3) 角色游戏中主题的稳定性。幼儿的行为具有不可预测性和多变性,教师要随时观察幼儿的角色行为是否在游戏主题内,是否偏离了主题。

(4) 幼儿角色扮演的积极性。教师的观察要辅之以谈话和指导,幼儿在角色游戏中不可能一直保持超高的积极性,教师要及时发现并解决问题。

(5) 幼儿社会性交往能力。教师要观察幼儿是否主动沟通,是否独立扮演角色,是否用角色语言和他人进行交往,是否与他人合作解决问题。

从幼儿的能力发展来看,各年龄段幼儿在游戏方面的表现是不同的。因此,在观察时也要各有重点。

小班:小班幼儿主要处于平行游戏阶段,满足于操纵、摆弄物品。对物品的需求是"别人有的,我也要有",对相同物品要求多;矛盾的焦点主要在幼儿与物品的冲突上。因此,小班观察的重点在幼儿使用物品上。

中班:随着认知能力发展、生活经验丰富以及游戏情节较小班更复杂,中班幼儿处于角色的归属阶段。虽然选择了一个角色,但想做多个角色的事情,想与人交往但尚缺乏交往技能,人与人交往冲突多发。因此,观察的重点应该是幼儿与幼儿的冲突——不管是规则上的、交往技能上的,还是使用物品上的。

大班:随着生活范围的进一步扩大以及幼儿综合能力的增强,大班幼儿不断产生新的主题。因新主题与原有经验之间的不和谐而产生冲突,幼儿在现有基础上运用已有经验并创新,应成为游戏观察的重点。同时,交往、合作、分享、解决矛盾也应成为游戏观察的另一个重点。

教师要真正了解不同年龄段幼儿在游戏中面临的挑战,明确幼儿游戏中的主要矛盾,通过自己的观察,适时地给予幼儿支持、帮助与引导,从而使幼儿的游戏水平获得更大的提高。

角色游戏观察案例可扫码查看"小餐厅"的内容。

小餐厅①

(二) 建构游戏的观察要点

幼儿进行建构游戏时教师可注意观察以下七点。

(1) 建构目的。建构目的是否明确;能否根据主题有目的、有步骤地建构。

(2) 建构主题。幼儿的兴趣点是什么;喜欢建构的主题有哪些;建构的主题和幼儿已有经验的关系。

建构游戏的观察要点

---

① 案例提供者:南通大学教育科学学院张李澄。

（3）建构技能。使用的建构技能是平铺、垒高、排列，还是架空、围合；是拼插还是镶嵌。

（4）建构水平。建构物的形象是否逼真，是否反映出事物的主要特征；建构物造型是否复杂，各部分对称性、协调性如何；建构物的稳定性和色彩搭配情况；幼儿建构的想象力和创造性情况。

（5）建构材料。用什么材料建构；能否根据建构需要选择材料；能否综合运用材料；是否爱护建构材料，能否归类收拾材料。

（6）社会交往。游戏群体（独自建构、平行建构、联合建构、合作建构），交往技能，交往态度（主动积极、被动消极）等。

（7）建构成果。能否爱护、欣赏和评价自己或他人的建构成果。

在建构游戏中，对不同年龄段幼儿观察的侧重点也有所不同。

小班：该阶段幼儿满足于对游戏材料的搭高、推倒、重建，建构的过程总要伴随着自言自语。幼儿表现出单一性，经常重复堆高游戏材料，彼此之间缺少交流，注意力不集中，容易受周围环境影响。幼儿手臂肌肉处于发育阶段，不能很好地支配手指去完成搭建。幼儿较关注的是建构的动作，目的性、计划性相对而言较差，选取的材料也比较简单。

中班：幼儿在建构游戏中能够感知游戏材料的数与形、整体与部分、比例与对称关系。幼儿对各种各样的积木和材料进行比较，选择出大小、形状、数量合适的游戏材料，并注重建构物的比例和对称、整体与局部之间的协调。幼儿综合运用平铺、垒高、架空、围合等基本的建构技能，同时模型和表征的技能获得发展，能够按照一定的模式建构物品，能够按照一定的目的或任务进行建构。幼儿所建构的物体不仅要求主要特征上的形似，在局部和功能细节上也应有所体现。

大班：幼儿已经具备较强的建构水平，对建构物体的大小、多少、高矮、粗细等量的特征有较为精确的把握；能够运用多种游戏材料，进行时间较长、结构较复杂、规模较大的主题建构游戏；能够运用结构简单的材料，较为精细地展现物体的造型；能够在游戏中灵活熟练地运用替代物，进行不同游戏材料之间、不同几何形状之间的转换。幼儿掌握主题建构的技能，能够按照主题，有计划、有目的地构建，准确细致地表现出游戏的构思和内容。

案例3-5　建构游戏"挖沙"[①]

一、基本信息

1. 观察对象：男孩A、男孩B

2. 场景描述：在户外活动中，教师和幼儿们在沙水区活动，男孩A和男孩B在给小土坡四周铲水路。

二、行为描述

A拿着黄色的小铲子铲一条水路，B拿着蓝色的大铲子蹲在旁边跟着铲。A往外铲了三下土后，对B说："拿个小铲子吧。"B依旧拿着大铲子在水路里铲了一下。A说："你干吗？"随后走到石阶边蹲下，顺着水路的方向继续铲，走时还说："我不是说让你到那边拿一个小铲子吗？"

A指了指右手边，对B说："你挖挖这边。"随后，两人一起挖，A说："你不能拿大铲子，要拿小铲子。"B还想向远处挖，A推了一下B的铲子，对他说："接着往下挖挖，到最下面看看。"随后，A拿着小铲子向外扬土，不小心把土扬到了B的腿上。

B站起来把裤子和鞋上的沙土抖掉，又到A旁边蹲下，先用手拍了拍裤子上的土，然后用自己的大铲子铲了把土也扬到了A的鞋上。A说："我不想和你玩了，你快让开。"然后使劲铲水路里的

[①] 案例提供者：南通大学教育科学学院郑雅玥。

土,并推了推B的铲子。

A又走到水路对面继续铲,说:"我不要和你玩了,你要拿个小铲子。"他把B的铲子推开,B就拿着他的大铲子走开了。A继续在对面铲出了另一条水路,B又过来了,这次他换成了黄色的小铲子,和A一起来铲,说:"这回可以让我玩了吧。"A铲好自己的水路,到B旁边和他一起挖另一条水路。

三、行为分析

1. 学习兴趣和品质:幼儿A和B对沙水区具有浓厚的兴趣,两人能够专注地进行铲水路的任务,也具有专注认真、乐于探究、坚持不懈、积极主动等学习品质。

2. 科学领域:A能够在小土坡四周挖出四条水路把它围起来,说明其"亲近自然,喜欢探究";能够和B一起向下挖来继续探索,说明具有"初步的探究能力",兼具想象力和创造力;A和B能够发现干湿沙土的不同之处,说明他们"在探究中认识周围事物和现象"。

3. 社会领域:A在游戏中的角色为主持者,能够对自己的行为感到肯定,"具有自尊,自信,自主的表现";A在向外铲土的时候没有注意到旁边的伙伴,将土扬到了同伴身上,并且没道歉,说明A没有"关心尊重他人",仍处于"自我中心"阶段。B在自己被扬土后也对A扬土,可见他没有"与同伴友好相处";B在换了一把小铲子后询问A能否和他一起玩,说明B此时"愿意与同伴交往"。

4. 语言领域:A在游戏过程中"愿意讲话并能表达清楚",但在把土扬到对方衣服上后没有道歉,缺乏"文明的语言习惯"。

5. 健康领域:两人在整个过程中"情绪安定愉快",没有吵闹,遇到矛盾能够解决。两人能够利用工具进行沙土搭建,手的动作协调灵活,动手能力较强。

6. 游戏类型:A与B处于联合游戏阶段,游戏中有交往与合作,但没有共同目标和明确分工。

四、教育建议

1. 提供充足且适宜的材料,如挖沙的小推车、大小不一的铲子、小水桶、小喷壶、各种模具、防水裤、雨鞋、遮阳帽等。

2. 结合"圆桌会议"引导幼儿进行经验的梳理、总结、提升。如,游戏前进行一对一倾听,询问幼儿的搭建计划和想法,鼓励幼儿进行交流分享。再如,询问幼儿游戏分工:"你想和谁一起完成?""我们应该怎样分工?"鼓励幼儿自主安排,发展团队合作、沟通能力。又如,在游戏后对幼儿在沙水区遇到的问题进行集体讨论,商议解决方法:"不小心把土扬到别人身上了,怎么办?""大、小铲子应该怎样使用最合适?"

3. 鼓励幼儿将游戏经验通过绘画、录音等方式进行表征,开展深度学习。

4. 借助家庭、社区等资源实现资源共享。如,观察社区、生活中的建筑,积累搭建前的经验。

(三) 表演游戏的观察要点

幼儿进行表演游戏时教师可注意观察以下五点。

(1)角色。游戏中头饰、角色的认定和分配等。

(2)规则。角色的出场顺序、动作对白顺序等。

(3)情节。幼儿对故事的探究,包括序列、细节、内容等(澄清、描述或构想等),以及对故事情节进行任意的发挥与改编等。

(4)材料。材料的使用、分配等。

(5)动作、对白。表演游戏中出现的动作以及对话。

对不同年龄段幼儿表演游戏进行观察时应注意以下内容。

小班：小班幼儿表演游戏的目的性不强，表演欲较低，同时由于其理解能力低于中班和大班幼儿，所以角色意识不强，交往欲望较低，表演能力弱。因此，要注意表演脚本的选择。一般来说，小班幼儿表演游戏选择的脚本应该故事线索单一，篇幅短小，场景和结构简单，重复性情节较多，如《拔萝卜》《小兔乖乖》《小熊醒来了》。

中班：该阶段幼儿能独立进行角色分配，但进入游戏过程较慢。嬉戏性强，目的性弱，一般以动作为主要表现手段。

大班：大班幼儿游戏时目的性、计划性较强。通常能顺利进行角色分配，戴上头饰后能迅速形成角色认同，马上进入游戏协商、计划阶段。角色表演意识较强，并且具备一定的表现技巧，能灵活运用多种表现手段。

案例3-6　表演游戏"三只蝴蝶"[①]

一、基本信息

观察时间：2024年3月22日 10：00—10：10

观察对象：熙熙、琰琰、小琪、恒恒、迪迪、辰辰（均6岁）

二、行为描述

片段一：6个幼儿先商量分配角色，熙熙扮演黄蝴蝶，琰琰扮演蓝蝴蝶，小琪扮演红蝴蝶，恒恒扮演黄花姐姐，迪迪扮演红花姐姐，辰辰扮演蓝花姐姐。角色分工好了，先露面的是"小导演"琰琰。琰琰点开小音箱播放童话故事《三只蝴蝶》，幼儿根据录音里的故事内容进行动作表演。第一遍表演结束后，"导演"琰琰提出："来到花园里玩耍时，我们可以手拉手围成一个圆圈走一走，还可以飞到花儿那里闻一闻……"情景有了调整后，幼儿开始第二轮表演，表演形式同上，依旧是听故事录音来表演动作。

片段二：角色分工好了，"今日导演"是熙熙。在表演中，红蝴蝶小琪和红花姐姐迪迪在肢体和脸部表情上有了互动：红蝴蝶围着红花姐姐飞了一圈，看着红花姐姐有表情地说台词。"导演"在最后的旁白部分说："我们快去其他地方躲躲雨吧！突然天气变晴朗了，太阳公公从云朵里探出头来，阳光把我们淋湿的翅膀都晒干了，暖暖的阳光照在我们身上，好舒服呀！万物复苏，春天来了。小树、小草长出嫩绿的新芽，小花都开放了，花园里可真香啊！粉蝴蝶，红蝴蝶，我们快去花园做游戏吧！"旁白说完，三只蝴蝶找三朵花同伴，玩起了"炒蚕豆"游戏，表演结束。

片段三：在故事表演进行到下雨情节时，"导演"小琪此时表演起了雷公，她拿出铃鼓一边拍一边用粗粗的低音说："乌云来了，乌云来了！黑压压的要下雨啦！轰隆隆，轰隆隆！哗——哗——下起了大雨！"在表演剧情"黄蝴蝶像我，请进来，红蝴蝶、蓝蝴蝶别进来"时，幼儿对剧情进行了改编。他们将蝴蝶翅膀的颜色和花的颜色一一对应，进行了一场躲雨表演。"导演"小琪："大雨越下越大啦！你们赶紧找一个和自己翅膀颜色一样的花姐姐去避避雨吧！"说完，三只蝴蝶各自找到相同颜色的花朵进行互动。红花姐姐说："红蝴蝶，你的颜色像我，所以你成了我的朋友，每次下雨你都可以来我家避避雨哟！"红蝴蝶说："好呀好呀，我们都是红颜色。我愿意和你做朋友！"说完，两个角色相互拥抱，做起了游戏。蓝蝴蝶和蓝花姐姐、黄蝴蝶和黄花姐姐都有类似的交流和互动。

[①]　案例提供者：江苏省南通市开发区康思登幼儿园高慧丽。

三、行为分析

在片段一中,幼儿是通过播放录音,听录音里的内容进行肢体动作和脸部表情表演的。幼儿表演的效果一次比一次好,从一开始只有动作没有表情,到既有动作又有表情,再到同伴之间、角色之间还有互动,整个表演游戏过程完成了从低层次到高层次的提升。

在片段二中,幼儿不仅能够说一说故事内容里原有的对话以及旁白,还可以独立创编一些美妙的语言,如"万物复苏""小树、小草长出嫩绿的新芽,小花都开放了"等词句,并将其加入故事表演当中。这符合《3—6岁儿童学习与发展指南》中中班幼儿语言能力的发展特点,即"能根据连续画面提供的信息,大致说出故事的主要情节",甚至达到了大班幼儿的发展水平"能根据故事的部分情节或图书画面的线索猜想故事的发展,或续编、创编故事"。

在片段三中,每一组幼儿都能将蝴蝶的颜色和花的颜色进行对应,角色之间都有肢体以及表情上的互动。在表演中,小演员可以用不同的音质来诠释故事中不同的角色,能力较强的幼儿能够带领其他幼儿一起创编和改编故事情节。

幼儿在三个阶段的表演活动中表演能力逐步提高,从简单的只有动作到有表情,再到角色之间有互动;语言表达能力也在逐步提高,从简单的对话到优美的语言,再到创编故事;在表演角色上也有了很大的突破,学会了用不同的音质表现不同的角色。

四、教育建议

1. 在游戏评价环节,可以邀请幼儿表演一段他们认为故事中最精彩的部分,这样更能激发幼儿表演的兴趣,并吸引其他同伴参与到表演游戏中。

2. 利用幼儿园资源,结合季节,将情景剧《三只蝴蝶》的表演延伸到户外。如,在幼儿园户外场地"秘密花园"进行创新表演。

3. 引导幼儿再次想象多个角色,加入故事情境当中。

4. 在表演中引导幼儿注意表情、动作、语言等,突出角色的特点。

(四)规则游戏的观察要点

常见的规则游戏主要有智力游戏、体育游戏、语言游戏、数学游戏、音乐游戏、美术游戏和娱乐游戏等。规则游戏的观察要点如下。

(1)游戏任务。规则游戏的任务就是游戏的目的,不同的规则游戏任务不同,可观察幼儿在完成游戏任务过程中的行为、语言等。

(2)游戏玩法。规则游戏的玩法是指开展游戏的具体操作方法,包括开始、过程和结束三个阶段。虽然各个规则游戏的玩法不尽相同,但可以观察游戏过程中幼儿对游戏玩法的理解、接受、改变、创新等。

(3)游戏规则。在游戏过程中,幼儿要遵守游戏的行为准则,教师可观察幼儿在游戏中对规则的理解、掌握、运用、改变及创新等情况。

(4)游戏结果。规则游戏的结果是指游戏任务的完成情况,它是判断游戏目标达成与否的标志。教师可观察幼儿的规则游戏产生了怎样的结果,游戏结果产生后幼儿的反应等。

对不同年龄段幼儿规则游戏进行观察时应注意以下内容。

小班:幼儿的规则意识处在"动即快乐"的阶段,幼儿对游戏中角色的动作、材料感兴趣,而且表现出"自我中心",只对自己做的事感兴趣,不会把自己的想法和做法与别人做比较。因此,该年龄段幼儿不在乎游戏结果,也发现不了别人违规,而且自己会破坏规则。

中班:幼儿已具有规则意识,能够遵守规则并开始关注游戏的结果,这一阶段的幼儿比较喜欢角色鲜明的互补性规则游戏。

大班：幼儿能理解规则对于比赛结果的重要性，规则意识强且特别重视游戏结果，喜欢竞赛性的游戏。大班幼儿能很好地遵守游戏规则，并会关注其他幼儿遵守规则的情况，发现违规者就会提出抗议，要求对违规者加以惩罚。因此，游戏过程中的纠纷较多。大班幼儿还喜欢改变游戏情节、游戏规则，以增加游戏的新颖性。

案例3-7 规则游戏"五子棋"[①]

一、基本信息

观察日期：2024年6月12日　　　观察地点：大三班教室

年龄段：大班　　　　　　　　　观察对象：瑞、斐

观察目标：幼儿在理解五子棋规则的基础上，能否运用这些规则和技巧。

二、行为描述

自主游戏时间到了，瑞和斐迫不及待地取出五子棋，开始了第一轮对弈。瑞首先将黑子落在天元，斐就把白子放在它的右侧，瑞接着在左侧放了一颗黑子，斐依然将白子放在右侧。直到瑞的黑子"三点一线"时，斐说："哎呀，失误了。"接着，他用白子开始围堵黑子。瑞默不作声，继续利用原先的"三点一线"在其上、下、侧方不停地落子，形成了好多"三子一线"。斐则一直利用白子进行围堵，说："这么多棋子我都看不清了。"说完，他思考了一会儿，皱着眉头继续落子。在进行了十几步后，瑞成功利用多个"三子一线"形成了一个类似九宫格的图案并且达成了"五子连珠"，获得了第一轮游戏的胜利。瑞开心地拍手，庆祝自己的胜利。

在开始第二轮游戏前，斐站起来想将瑞的黑子拿过来，大声地说："这次换我用黑子。刚才这么多棋子，我都看不清怎么堵你。"瑞用手挡住斐，说："可是刚才我赢了，应该我用黑子先下。"斐说："这样不公平，我们石头剪刀布，谁赢了，谁就用黑子。"瑞和斐进行了一轮猜拳，斐获得了胜利，于是斐执黑子开始了第二轮比赛……

三、行为分析

1. 在游戏初始，瑞便展现出了明确的策略意图，前三步便有意识地向形成"三子一线"的目标迈进。这一行为表明，瑞已经对五子棋的基本规则和制胜策略有了深入的理解，并能够在实战中灵活应用。在后续的每一步中，他都能敏锐地观察先前黑子的排列，不断尝试从不同方向（上下、左右、斜方）连接黑子，以扩大自己的优势区域并创造新的进攻机会。

2. 斐在游戏开始时采取了较为自由的落子方式，这可能源于其对棋局尚未形成明确的预判或是对自身防御的能力很有自信。然而，当瑞的意图逐渐显现时，斐迅速调整策略，果断地进行围堵防御。这一转变体现了斐对棋局变化的敏锐感知和快速应变能力，同时也说明其同样掌握了五子棋的基本规则和防守技巧。

3. 与初次观察相比，本次观察中瑞和斐明显对五子棋的规则和玩法有了更深入的理解。他们不仅能够熟练地按照规则进行游戏，还能在游戏中灵活运用策略，展现出较高的思维水平和游戏技巧。此外，两名幼儿在游戏中的默契配合与友好竞争也为我们展现了幼儿间纯真而美好的社交关系。

4. 幼儿在游戏过程中不仅遵循了既定的规则，还敏锐地察觉到了"先手问题"这一潜在的不平衡因素。在初次游戏中，幼儿通过猜拳简单地解决了先手的问题，但随着时间的推移，他们逐渐意识到这种方式的局限性。因此，在本次游戏中，猜拳更多地成为一种对原有规则进行完善的手

---

① 案例提供者：江苏省如皋经济技术开发区第三实验幼儿园缪源。

段,旨在确保游戏的公平性。

四、支持与回应

1. 鼓励幼儿制定游戏规则,不断提高幼儿解决问题的能力。在游戏分享时间,鼓励两名幼儿大胆完整地说出游戏中的规则,让更多幼儿了解游戏的现有规则,邀请更多幼儿加入游戏,在游戏过程中将解决问题的办法进行记录并尝试建立新的规则,自由创编游戏玩法。

2. 增加多种游戏材料,拓展幼儿思维。打破传统五子棋使用黑白棋子的限制,引入更多颜色鲜艳、形状各异、质感丰富的材料作为棋子。例如,使用彩色纽扣、光滑的小石头、不同纹理的木块等,这些材料不仅色彩鲜明、反差大,能够迅速吸引幼儿的注意力,还能让幼儿在触摸和摆放的过程中获得不同的感官体验。

3. 在美工区设置五子棋棋子制作角,鼓励幼儿自主选择材料,如彩纸、布料、塑料片等,通过剪、贴、画等方式制作喜欢的棋子。这样的活动不仅能激发幼儿的创造力和想象力,还能增强他们对材料的认知和运用能力,同时促进美工区与游戏区的深度融合。

4. 组织跨区域的合作游戏。比如,由美工区的幼儿制作棋子,然后将其送到游戏区供其他幼儿使用。这样的合作不仅能让幼儿体验到不同区域活动的乐趣,还能促进他们之间的交流与互动,增强团队协作能力。

·思政园地·

安吉游戏及其观察

安吉游戏是浙江省安吉县针对幼儿园教育的一种实践探索,倡导了一种自主游戏理念,其关键词为"爱、投入、喜悦、冒险、反思"。安吉游戏作为幼教改革的缩影和典范,在国内外都具有极大的影响力,它突破了传统的幼儿教育形式,对游戏的环境、方式、主体等进行了重大革新。安吉游戏实践探索得到国际学前教育界高度肯定,成为中国学前教育一张亮丽的国际"名片"。

安吉游戏创始人、安吉幼儿教育研究中心主任程学琴老师指出:"安吉游戏是一场以'让游戏点亮儿童的生命'为信念的游戏革命。把游戏的自主权还给幼儿,让幼儿在自主、自由的游戏中,获得经验、形成想法、表达见解、完善规则、不断挑战,从而激发自身最大的潜能。带班老师主要是要做好最基本的安全监护。"这一理念在强调游戏在幼儿教育中的重要性以及幼儿在游戏中的主体地位的同时,所颠覆的是幼儿教师的角色,提倡把一日生活的自主权还给幼儿,要求教师要"闭住嘴、管住手、睁大眼、竖起耳"。

请思考:安吉游戏中,教师的角色是什么? 对你进行幼儿行为观察有何启示?

岗课赛证

一、单项选择题

1. 小班同一个"娃娃家"中,常常出现许多"妈妈"在烧饭,每名幼儿都感到很满足的情形。这反映了小班幼儿游戏行为的特点是(　　)。(幼儿园教师资格证考试2018年下半年"保教知识与能力"真题)

A. 喜欢模仿 　　　　　　　　　　B. 喜欢合作

C. 协调能力差 　　　　　　　　　D. 角色意识弱

2. 小班幼儿观察植物时,下列哪条目标最符合他们的发展水平?（   ）（幼儿园教师资格证考试2018年下半年"保教知识与能力"真题）

    A. 能感知周围的植物是多种多样的

    B. 会观察记录植物生长变化的过程

    C. 能察觉植物的外形特征与生存环境的适应关系

    D. 能发现不同种类植物之间的差异

3. "拼图"游戏时,王老师见东东反复地拿起这块放下那块,不知该拿出哪块,急得满脸通红、满头大汗。对此,王老师恰当的说法是（   ）。（幼儿园教师资格证考试2022年上半年"综合素质"真题）

    A. "不要着急,我们再试试吧"　　　　B. "你看看,晓红是怎么拼的"

    C. "试试红色正方形的拼板吧"　　　　D. "仔细看一下颜色和形状吧"

二、辨析题

1. 小班幼儿年龄小,不具备科学探究的兴趣和能力。

2. 幼儿喜欢游戏,游戏为幼儿提供了探索世界、自由表达的机会,游戏活动是进行幼儿行为观察的主要活动。

3. 角色游戏中幼儿扮演不同的角色进行社会交往,为此角色游戏观察应该重点看语言表达、社会交往,其他内容无关紧要。

三、简答题

1. 简述幼儿建构游戏中教师观察的要点。

2. 简述幼儿角色游戏中教师观察的要点。

3. 简述幼儿户外游戏活动中教师观察的要点。（幼儿园教师资格证考试2023年下半年"保教知识与能力"真题）

四、实训题

1. 请扫码阅读"浮力实验中的果果"观察记录文本,之后对其进行评析,并提出修改建议。

2. 观看视频"警局的停车场"①,尝试撰写一份行为观察记录,对幼儿行为进行分析,并提出教育建议。

3. 观看视频"乐乐手掌画"②,用轶事记录法客观记录幼儿在活动过程中的主要行为表现;结合《3—6岁儿童学习与发展指南》分析幼儿的行为表现中所隐含的学习兴趣和学习状况,以及情境对其行为表现是否有影响;根据学前教育的相关知识,给教师支持幼儿的学习提出合理建议。

4. 阅读材料,回答以下两个问题。（幼儿园教师资格证考试2018年下半年"保教知识与能力"真题）

教师在户外投放了一些"拱桥"(见图1),希望幼儿通过走"拱桥"提高平衡能力。但是,有的幼儿却将它们翻过来,玩起了"运病人"游戏(见图2)。他们有的拖,有的推,有的抬……玩得不亦乐乎。对此,两位教师的反应却不同。A教师认为应立即劝阻,并引导幼儿走"拱桥";B教师认为不应劝阻,应支持幼儿的新玩法。

图1

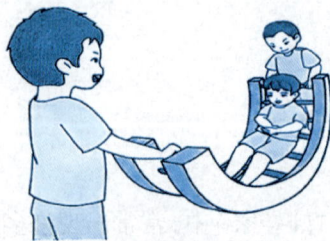

图2

案例 浮力实验中的果果

视频 警局的停车场

视频 乐乐手掌画

---

① 案例提供者:江苏省南通市通州区金桥幼儿园曹媛媛。

② 视频提供者:江苏省如皋高新区实验幼儿园蔡春燕。

问题:(1)你更赞同哪位教师的想法? 为什么?
　　　(2)你认为"运病人"游戏有什么价值?

拓展阅读

1. 王晓芬,于欣苗.幼儿园教师建构游戏观察记录的文本分析[J].幼儿教育,2021(Z6):17—20.

2. 刘峰峰.象征性游戏和游戏中的象征(下)——论幼儿园几种主要游戏的指导要点[J].学前教育,2023(23):4—9.

3. 冯苑荻.提升科学活动中的自主探究能力——以大班科学活动"湿漉漉的露水"为例[J].上海托幼,2024(06):36—37.

叙述性观察的解读与案例

　　今天的区域活动中,妞妞做事情没有耐心,什么都是玩一会儿就走了。妞妞先是到数学区玩了一会儿,什么也没做出来就跑到了别的区。到了美工区,她翻了翻穿珠的材料,也没有穿出作品就又跑掉了。到了建构区,她只是旁观其他幼儿搭建,到了阅读区也只是随意翻翻。就这样,妞妞什么也没有完成,今天的区域活动就结束了。

　　在上述观察记录中,观察者只是把幼儿发生的一系列行为、事件进行叠加,而没有详细完整地描述一个事情发生的背景及全部过程。比如在区域活动过程中,妞妞出现了哪些行为,在什么情况下妞妞从一个区换到另一个区,这些行为的背景因素都应该描述清楚。这样粗浅的记录并不能为观察者提供幼儿的详细信息,更不能为评价幼儿的发展状况提供有效的依据。

　　作为一名专业的幼儿园教师,应学会客观观察幼儿学习与发展的状况,科学解读和评价幼儿的表现与进步,并能有效运用观察与评价结果改进教育和教学。然而,当我们越来越强调幼儿园教师观察与分析幼儿行为重要性的同时,不少教师却在观察幼儿的实践过程中遇到了很多困惑,比如观察时应该观察什么、采用什么观察方法、如何记录观察到的情形等。本章将结合具体案例介绍最常用的幼儿行为观察与记录方法之一 ——叙述性观察。

学习要点

1. 了解轶事记录法和日记描述法的含义与优缺点。
2. 理解叙述性观察的实施要求,掌握使用轶事记录法进行行为观察的能力。
3. 学习我国学前教育工作者科学严谨的态度,初步具有持续观察的意识。

第一节　轶事记录法的解读与案例

　　一线幼儿园教师常用的幼儿观察与记录方法是叙述性观察的方法。所谓叙述性观察,就是用文字描述的方式记录观察到的行为。在叙述性观察中,教师最常用的是轶事记录法。

一、轶事记录法的内涵

轶事是指独特的事件,也可以是观察者感兴趣的、有意义的事件。轶事记录法,指观察者在不刻意安排的自然情境中,将有价值的、有意义的行为和反应,或感兴趣的事件以文字描述的方式进行记录,供日后分析的一种方法。轶事记录的内容往往包括:事件发生的经过,包括事件发生前后的因果关系和来龙去脉;事件发生的情境,包括事件发生时,周围人、事、物的互动情形和应答对话等。

用轶事记录法记录的轶事,可以分为以下三种类型。

(一)问题型轶事

这类轶事记录的是幼儿成长中遇到的各种问题。

1. 重要的偶发事件

这些偶发事件,虽然出现的频率并不高,但需要教师进行积极处置或加以预防,如幼儿出现打人、说脏话、说谎、争执等事件。

2. 某方面的发展不足

在班级中,那些不爱说话、说不好、不去做、做不好、坐不住、走神、听不懂教师要求、听懂了不执行的幼儿,那些进餐速度慢、入睡困难、入园适应缓慢的幼儿,都因某方面发展不足需要教师的关注。

案例4-1　第一次搭建拱门支柱[①]

观察日期:2023年11月20日　　观察时间:15:00—15:10

观察对象:小小、家乐、俊成、赟赟　　年龄段:大班

小小单手抓出一把雪花片,放在地上开始拼插。他先把雪花片插成了一字形,然后一边点一边数"1,2,3,4……12"。数到"12"后,他沿着最上边的雪花片,在垂直方向继续一字插。不一会儿,他搭出了一个每条边都有12个雪花片围合成的正方形。接着,他将正方形中间的空心部分一排一排地连接起来。

俊成和赟赟一直坐在一边看着小小搭建。当小小连接正方形的中间部分时,他们开始拿雪花片递给小小。俊成说:"拿我的。"赟赟用胳膊顶了一下俊成,说:"拿我的。"小小看了看,说:"别争了,一个一个来!"

家乐趴在地上看,他抓了一把雪花片又放下,如此反复了几次。他一会儿跑开看其他人搭建,一会儿又跑回来坐下看。小小将正方形完整连接好,他捏着手说:"雪花片太硬了,你们怎么不帮忙。"俊成说:"我在给你递雪花片。"小小说:"不行,不行,你来搭,一起搭。"俊辰开始和小小一人一边竖着往上插雪花片,赟赟和家乐一会儿来递一下雪花片,一会儿又跑开。俊辰看见旁边没人了,便走过去喊他们。

小小又在正方形的基础上以T字形向上拼插,每一竖排搭了10个雪花片,摇了摇,说:"怎么还摇来摇去?"他见旁边没人了便跑开喊人去。俊成被喊来了,说:"中间也要连起来。"小小开始把四周最外侧的雪花片,用十字插的方法,横向将竖排雪花片连接起来。连了两排,他摇摇搭好的支柱,看着中间的竖排雪花片随着摇晃,笑着说:"要倒了,要倒了……"俊成说:"这个里面也要连起来!"于是,他们开始拿着雪花片往中间横着连接,不一会儿两个人晃着手说:"哎呀,累死了,这个太紧了,不好插……"

[①]　案例提供者:江苏省如皋市如城实验幼儿园吴晓飞。

从案例4-1中，我们可以看到：

（1）这四个幼儿合作水平不一，合作的方法有待改进。小小能够在需要帮助时用语言和俊成进行沟通；当俊成和赟赟同时递雪花片有些争执时，他提出"一个一个来"的方法，通过协商解决同伴之间的冲突。俊成在小小需要帮助的时候递雪花片，当发现拱门的支柱不稳时提出"中间也要连起来"的想法，并参与到搭建活动中。赟赟和家乐一个递雪花片，另一个大部分时间处于观望中，两人都没有参与搭建；他们一会儿就跑开，在提醒下才能回归小组递雪花片。此外，幼儿合作的目的性不够明确，游戏中有两人专注度不够，在遇到困难时不能够一起讨论解决，处于游离状态。

（2）拱门支柱的稳定性出现了问题，搭建技巧有待提升。幼儿使用了一字插、T字形插、十字插、围合拼插雪花片等方式，将拱门的支柱进行叠高。但随着高度的增加，雪花片横向连接不够，导致支柱不稳固；而且先搭建正方形支柱的外围，中间的雪花片连接起来很困难，搭建的方法需要进一步调整。

（二）发展型轶事

幼儿发展过程中总会出现一些具有里程碑意义的事件，比如，第一次在集体活动中公开表达自己的观点，第一次有了分享行为，第一次从10倒数到1，第一次骑独轮车，或者在某个方面取得进步……这些事件都是发展型轶事的来源。

案例4-2 齿轮转起来[①]

观察日期：2024年3月22日　　观察时间：14：35—14：50

观察对象：祺祺、毛毛　　年龄段：大班

观察背景：齿轮玩具套装及图片支架已投放三天，已有部分幼儿主动探索。

祺祺和毛毛一同来到科学区，两人对新的齿轮玩具套装产生了浓厚的兴趣。祺祺首先行动，他将装有齿轮的玩具篓轻轻放到桌上，随后毛毛坐在了他的对面。祺祺开始从篓中取出底盘拼板，每拿出一块拼板就看一下，然后按照它们的形状和大小，一个一个拼接起来。毛毛拿了两个大齿轮看了看，然后放在桌上，随后他拿起图片支架上的图片看了约两分钟。过了一会儿，毛毛将图片翻转对祺祺说："你看，是这样！"祺祺看了一下没有说话。

毛毛将图片放在桌上后，拿了两块底盘拼板开始拼接。然后从篓子里拿出一个小齿轮和一根完整的链条，之后又拿出一个大齿轮。他将一个小齿轮和一个大齿轮安装到底盘上，两个齿轮相互咬合。然后他拿起链条，这时祺祺说："等一下！我们要做大的。"然后从毛毛的手里拿过链条放到自己面前。毛毛没有说话，笑着拉过祺祺拼好的底板与自己的底板拼接起来，形成了一块比较大的底盘。

接着，两人一起在大底板上安装齿轮。毛毛之前安装的两个齿轮相互咬合在底板的一个角落，另外增加的两个齿轮一大一小，距离较远。装了四个齿轮后，祺祺将一个把手装到原先毛毛安装的小齿轮上。毛毛将图片拉到自己面前，用手指在图片上划来划去，嘴里说着："这个是这样的！"祺祺站起来看了看图片，之后用链条套在靠近他身体的三个齿轮上。

毛毛看着祺祺，祺祺转动把手，所有的齿轮都没有动，于是毛毛继续安装齿轮。祺祺将链条拆开，取下两截，又连起来试了试，齿轮还是不动。他又取下两截试了试，还是不行。接着他又取下两截，可是链条接不上了，他装回一个后，链条连接起来了。这时，祺祺转动把手，齿轮动起来了，两人都笑了起来。

---

① 案例提供者：江苏省如皋市丁堰镇丁堰幼儿园李保玉。

从案例4-2中，我们可以看到：

（1）探索行为：祺祺和毛毛对新玩具套装表现出浓厚的兴趣，特别是祺祺，他首先行动，展示了幼儿对新事物的好奇心和探索欲。祺祺在拼接底盘时，注重形状和大小的匹配，这体现了幼儿对物体属性的观察和比较能力。毛毛在观察图片后，试图模仿图片上的结构，展示了幼儿模仿和学习的能力。

（2）合作行为：毛毛在祺祺提出要做大底盘时没有反对，而是笑着拉过祺祺的底盘进行拼接，展现了良好的合作意愿和社交技能。在安装齿轮和链条的过程中，两人虽然存在不同的想法和尝试，但最终都能通过沟通和协商达成共识，体现了幼儿解决冲突和协商合作的能力。

（3）问题解决能力：在齿轮无法转动时，祺祺尝试调整链条的长度和连接方式，体现了幼儿在面对问题时能够主动尝试和探索的问题解决能力。毛毛在祺祺尝试失败后，继续安装齿轮，虽然没有直接解决问题，但也展示了幼儿对问题的持续关注和尝试精神。

（三）趣味型轶事

幼儿独特的思维、身心发展特点使他们对事物有独特的认识，同时带给成人思考。成人可以把这些童言稚语记录下来，形成趣味型轶事。类似的趣事常常发生在亲子互动、师幼互动、幼幼互动中，记录下来是很好的成长记录内容。

案例4-3　虾仁炒饭里的爱与心

今天吃虾仁炒饭。因为放了虾仁，炒饭味道特别鲜美。我对自己做的饭也特别满意，故意发嗲地询问老公："你知道为什么炒饭味道特别好吗？"我期待他说出让我满意的答案，可是没有得到正面的回答，老公只说："不知道。"我有些不满意，有点发怒地说："因为你的炒饭里有我的（爱）心。"老公对面的女儿听后，问道："妈妈，那我这里面有什么？"我回答："你这里面有我的爱。"女儿一脸疑惑地问道："为什么你把心给了爸爸，把爱给了我？"

案例4-3来自一个妈妈的记录。在这个案例中，女儿发出的疑问"为什么你把心给了爸爸，把爱给了我？"体现了她对妈妈话语的思考，也体现了她对爱与心的独特认识。

二、轶事记录法的实施[①]

（一）确定观察目的

轶事记录的记录方式有随机观察和系统观察两种，旨在对观察对象或观察者感兴趣的行为或事件，施以简短的文字描述。随机观察的轶事记录，观察目的可能在于了解不特定的观察对象、行为或事件，以作为进一步观察的参考。系统观察的轶事记录，观察者于事前已规划好所要观察的对象、行为或事件，其观察目的在于了解某些特定的观察对象、事件或行为的概貌，作为深入观察的切入点。故观察者必须事先确认真正的观察目的，再选择适当的方法。切记，不论观察什么，要找出出现的问题，或幼儿的发展状况，或发生的趣事。

（二）选定观察情境

观察者在开始观察前，必须选定观察的位置，而观察位置的选择亦因观察者在观察活动中扮演的角色而有所不同。若是参与观察，则以最自然的互动方式进行，而观察位置亦随实际活动的需要而移动，并不限制在特定观察位置。若是非参与观察，则以不干扰观察对象活动的位置为佳。例如，在观察室内进行观察时，可以在教室里选择较不明显的一角。

---

① 蔡春美,洪福财,邱琼慧,等.幼儿行为观察与记录[M].上海：华东师范大学出版社,2013.

（三）准备观察工具

一般而言，轶事记录至少需要准备纸（观察表格或者便条纸）、笔、夹板、盒子等观察工具。

1. 笔

观察者可以使用目前流行的四合一（红、绿、蓝、黑）或三合一（红、蓝、黑）的圆珠笔，或准备数支不同颜色的荧光笔，方便在记录时随时变换颜色做记号，以便事后更容易整理。

2. 纸

观察者若有事先设计好的观察表格，则可在观察现场直接使用。若观察者有事后再次撰稿整理的习惯，则可利用回收纸的空白背面，将之裁剪成大小相同的便条纸，现场记录，汇总后再进行撰写。

（1）使用事先设计的表格

观察者可于观察前设计简单的表格，并于表格内区分观察到的事实描述和事后的分析解释，此部分可以用电脑软件事先绘制及套印，汇整备用（如表4-1）。

表 4-1　轶事观察记录表

幼儿姓名：	观察时间：
性别：	观察地点：
年龄：	观察者：
观察记录/行为描述：	
行为分析：	
行为评价：	
支持策略/建议：	

（2）使用随意的便条纸或回收纸

为节省资源，观察者可利用便条纸或回收纸，于纸上先用笔简单地划分要记录的事实描述和分析解释的位置，或待观察内容更加确定后再用记录用纸，并于记录用纸上记录。记录时观察者可使用特殊关键字或记号来区分重要的行为。

3. 夹板

可利用市售的夹板夹取观察用纸，方便观察者随时做记录，而不限于桌面的有无。

4. 盒子

记录后的观察记录资料可先放置于盒子内，然后利用幼儿午睡时间或幼儿离园后整理，视资料内容亦可归档于各幼儿的个人学习成长档案内。

5. 其他工具

依观察者个人所需增减尺、修正液、橡皮擦等工具，但各项工具应以不冲突且不转移观察对象的注意力为宜。

（四）仔细观察，客观记录

观察者一旦开始观察，就必须提醒自己，现在已进入观察时间，要"上紧发条"，随时仔细观察教室内幼儿的活动情形。一旦出现自己认为重要的事件或行为，抑或是感兴趣的事情或行为，就要像摄像机启动电源开始录像一样,将事件或行为翔实记录下来。既然观察者像摄像机一般,就必须抛开人性中的感性,记录应以观察到的事实为准,不添加个人主观感受。

1. 记录要素(打 * 为必须要)

① 观察对象的基本资料[姓名、年龄、性别、家庭背景(必要时)] *。

② 观察动机(观察的理由)。

③ 观察主题(观察的主题说明)。

④ 观察时间(日期、时间) *。

⑤ 观察情境(地点、情境描述) *。

⑥ 观察方法(观察及记录方法)。

⑦ 事件描述(轶事描述) *。

2. 记录要点[①]

(1) 客观

轶事记录的描述必须具体、客观,不具有评判性。

案例4-4　装扮白雪公主的小鱼

案例描述：小鱼(4岁10个月)在娃娃家里,身上穿着白雪公主的衣服,脚上套着高跟鞋,非常高兴地看着我。

评价：该案例描述不够客观,教师使用的词语"非常高兴"属于其主观感受。

修改：小鱼在娃娃家里(地点描述),身上穿着白雪公主的衣服,脚上套着高跟鞋,眯着眼睛,嘴角上扬地看着我。

案例4-5　吃点心的素素

案例描述：

1. 素素吃点心的瓷碗掉在地上摔碎了,她难过地哭了起来。见我走过来,她一脸无辜地盯着旁边的小宝,好像在告诉我瓷碗是小宝打碎的。素素平时就因为怕被教师骂,做了坏事故意撒谎,将责任推给其他幼儿。

2. 素素和隔壁的小宝边吃点心边玩,素素的瓷碗放在桌沿,小宝一挥手,瓷碗掉在地上摔碎了。素素看着小宝,哭了起来。

评价：以上两则记录中,前者加入过多观察者的主观感受;后者谨守具体描述的原则,较为客观。

---

(2) 翔实

除了是否针对观察对象的行为或事件进行记录外,是否完整描述观察的情境背景以及能否还原事实,也是评判记录翔实与否的依据。

---

① 蔡春美,洪福财,邱琼慧,等.幼儿行为观察与记录[M].上海:华东师范大学出版社,2013.

案例4-6 夹珠子的露露

案例描述：露露在夹珠子，手里拿着镊子将珠子从一个碗往另一个碗中夹。夹了一分钟后，她开始要求我帮她数夹了几个珠子，我答应了并帮她数着。她第一次不间断地夹了七个，她说她在家能夹30个。露露把掉在地上的珠子捡起来放回碗里，然后继续夹珠子，这次她夹了20个。

评价：该案例叙述较为简略，缺乏对露露夹珠子的细节描写以及教师与露露语言交流的具体内容等。

修改：露露在夹珠子，手里拿着镊子将珠子从一个碗往另一个碗中夹，一分钟后露露对我说："老师，您帮我数。"我说："好的。"她慢慢地用镊子紧紧夹住一个珠子，轻轻抬起手臂，挪到另一个碗中，放好后再把镊子松开。我嘴里说着："一个，两个，三个，四个，五个，六个，七个，你这次夹了七个珠子。""我在家能夹30个呢。"于是，她继续夹珠子。这次露露用镊子夹珠子的速度很快，珠子还没有夹紧，她的手臂已经抬了起来，所以露露只连续夹了三个，珠子就从镊子中间滑落到了地上。露露迅速弯下腰，把珠子捡起来后放进碗里，然后把一个碗中的珠子全部倒入另一个碗中，重新开始夹。不同的是，这一次她开始慢慢地夹紧珠子之后再往另一个碗中放，将十个珠子不间断地夹到另一个碗中后，又将珠子全部夹回到原来的碗中。露露一直低着头夹，其他幼儿从她身边经过，她都没有抬头。全部夹完后，露露抬起头面带微笑地和我说："我夹完了。"

（3）依序

记录时应依据行为或事件发生的时间，将行为或事件以及发生情境按顺序记录下来。

（4）简要

为了节省记录的时间，许多概念或专有名词可以用简称或简写，暂以代称或代号的方式记录，在分析时还原其全称。例如：以幼儿姓名的某个字作为代称，如"轩"表示"方子轩"；幼儿年龄以缩写的方式记录，如"4-10"表示"4岁10个月"。

3. 记录方式

（1）即时记录

轶事记录是将幼儿的行为表现原景重现，还原观察时的情境，所以幼儿教师必须在非常自然且没有任何预设安排的情境下，记录自己所看到、听到的幼儿各种行为表现。即时记录时，教师在观察的同时必须与幼儿持续互动。教师可以先用摘要的方式记录，然后在空闲时尽快加以整理，使之成为可以分析利用的有效资料。

（2）回顾记录

即时记录常因情境限制而有所调整或改变。教师通常因为带班教学的关系，即使在教学过程中看到或听到幼儿的行为或表现，也没有办法立即将观察到的幼儿行为记录下来，只能加以默记，在空闲时间重新回顾行为发生的情境和幼儿的行为表现。回顾记录需及时为之，若时间过久，往往会有记忆模糊或断续记录的情况出现。

（五）归纳整理[①]

面对逐渐累积的记录资料，系统的汇总及整理将有助于日后的分析与解读。资料归纳整理可分为两个步骤来进行：一是每日整理，二是阶段整理。

---

① 蔡春美,洪福财,邱琼慧,等.幼儿行为观察与记录［M］.上海：华东师范大学出版社,2013.

1. 每日整理

每日整理有助于及时汇整资料,并可避免日后着手对庞大资料分析可能遭遇的困难。以班级观察为例,可利用每日幼儿午睡或离园后的时间,将今日的观察记录资料做初步的整理归档。例如,观察者或教师仅仅将今日的观察记录做初步的分类,可以是依据同一天的观察记录资料,以幼儿的学号来做排序整理建档;也可以是将今日的幼儿观察记录资料以姓名分类,一一归档于幼儿的置物柜内,或以透明L形文件夹一一分类,先做资料分类整理。

2. 阶段整理

观察者完成阶段性的观察工作并收集了一段时间的观察记录资料后,利用较完整的时间段来完成这段时间观察记录资料的进一步统整。所谓阶段的划分必须依研究目的而定,一般性的发展状况观察,可考虑以月为单位;若是针对特定行为的观察,可以根据行为改变的情况划分阶段。

(六)注意事项[①]

为确保观察及记录的正确与客观,观察者应顾及下述记录注意事项,力求正确:

(1)每次只记录一个事件;

(2)轶事记录的内容必须是没有加以推论的对客观事实的描述;

(3)记录幼儿行为发生的前因后果及行为发生时的情境;

(4)事后尽快整理成可利用的文字资料,以免时间拖得过久,遗忘或疏漏了事件发生的经过;

(5)除了文字记录,还可放入相关资料、照片,以作为佐证;

(6)记录时,将事件描述与分析分隔开,以便日后判读这是幼儿的行为还是观察者的分析。

三、轶事记录法的优缺点[②]

(一)优点

(1)轶事记录法简单、方便、灵活。使用轶事记录法时观察者不需要进行特殊的准备,也不需要进行特别的训练。轶事记录法不受限于幼儿表现出的新行为,当观察者发现自己感兴趣的事情或者有意义的事情时,就可以随时随地地进行记录。

(2)轶事记录法所记录的内容具有翔实性。这一方法不但使观察者将自己感兴趣或者有意义的事情记录下来,而且详细说明了幼儿行为发生的背景及前因后果,提供了了解幼儿行为及行为背后原因的详细资料。

(3)轶事记录法所记录的资料具有永久保存性。一旦记录保存,任何时候都可以翻阅。

(4)轶事记录法所记录的资料具有一定的广度。只要观察者感兴趣就可以进行记录,所记录的内容不但包含幼儿发展的各个方面,而且包含轶事的背景和环境,具有一定的广度。

(二)缺点

(1)可能干扰师幼互动。由于使用轶事记录法的观察者大部分为幼儿教师,轶事往往会在教师带班过程中或是互动中发生,如果教师当场拿出纸笔对幼儿的行为进行详细记录,必然会干扰师幼互动的正常进行,甚至造成活动的中断。如果教师不及时记录,主要依靠事后回忆来进行补记,记录的结果往往会与事实有一定的出入。

(2)对于轶事的判断容易受到个人主观偏见的影响。观察者很容易根据自己的喜恶来对观察的幼儿进行筛选,只记录自己感兴趣或认为有意义的行为,从而使得记录具有主观偏向性。

(3)常根据事后回忆进行记录,容易导致记录内容与事实存在出入。使用轶事记录法时观察者难以边观察边记录,常常事后根据回忆对当场速记的内容进行补充,这可能导致记录的内容与事实存在一定出入,不易还原事情的真实面貌。

[①]　蔡春美,洪福财,邱琼慧,等.幼儿行为观察与记录[M].上海:华东师范大学出版社,2013.

[②]　李晓巍.幼儿行为观察与案例[M].上海:华东师范大学出版社,2016.

四、轶事记录法的案例呈现

案例4-7 雅雅做纸杯电话①

一、基本信息

观察日期：2024年6月18日　　观察对象：雅雅（女，5岁）

场景描述：雅雅在客厅里和妈妈制作纸杯电话并进行互动，两人一起玩传声筒游戏。

二、行为描述

雅雅双手拿绳，眼睛盯着线绳，尝试打结。摆弄了一会儿，她两手往两边一拉，绳结打好了。妈妈问："这两个结怎么样啊？够大了吗？试试看，拉一拉。"雅雅右手拿纸杯，左手抽绳，把结藏在了纸杯中。妈妈伸手去拿传声筒，说："好，我看看你这传声筒做得怎么样。这一头给我，另一头给你。"

雅雅拿起桌上的纸杯，往后退了几步，把纸杯放在嘴边说"妈妈"。妈妈说："不，宝贝你得拉直，传声筒是要拉直的。哇，好长的传声筒啊，往那个方向去，不然拉不直。"雅雅听了妈妈的话，往客厅中间走。妈妈说："哇，这是我们家的传声筒，快看。"雅雅把纸杯放在嘴边，妈妈说："把绳子拉直了再说。"雅雅拿着纸杯走到更远的地方，妈妈又说了一遍"把绳子拉直"。雅雅听了往后走了几步，用右手把纸杯放在耳边，然后把纸杯放在嘴边开始讲话。妈妈说："传给我声音。"雅雅刚发出声音，妈妈又说："拉直，拉直。"雅雅听了又往后退了两步，然后对着纸杯喊"妈妈"。妈妈听了说："哎哟，声音好大哟。到我了，你来听听。"

雅雅身体侧过来将纸杯贴在自己的右耳上，妈妈说："绳子拉直。"雅雅后退了几步。妈妈对着纸杯喊："雅雅，你听听，我的声音变了吗？"雅雅对着纸杯说："变了。"妈妈又提醒道："把绳子拉直。"雅雅听了把绳子拉直了，妈妈说："好，该你了。"雅雅又把纸杯贴在耳朵上听。这时，妈妈说了一句"拉直"，接着又说："不然我们先试试不拉直的声音好不好？"雅雅不拉直绳子听了听。妈妈说："听得到吗？"雅雅笑着回答："真的听不到了。"妈妈说："对呀，那就说明还是得拉直。"雅雅于是把绳子拉直回答："听得见了。"

雅雅说："说什么话呀？"妈妈说："该我了。"雅雅听后身体往前一侧，绳子又松了，在妈妈的提醒下才拉直。妈妈说："你的声音好大呀！"雅雅听了兴奋地对着纸杯大喊："超大——啊——"妈妈说："哎呀，用这个传声筒传过来的声音特别大。"雅雅再次对着纸杯兴奋地尖叫和大笑。妈妈说："你的声音真难听呀。"雅雅说："我就要这样嘛。"妈妈说："声音真的变了，你听我的声音变了吗？"雅雅又大喊："变了。"妈妈问："传声筒做得成功吗？"雅雅开心地回答："成功。"妈妈说："祝贺你，雅雅。"雅雅对着传声筒开心地大喊。"一个新的玩具诞生了！"妈妈说道。

三、行为分析

1. 学习品质：幼儿在游戏期间，积极地与妈妈配合，完成这一亲子游戏，反映了其具有明显的探究兴趣和积极的游戏意愿，具有认真专注、敢于探究与尝试、积极主动的学习品质。

2. 科学探究：幼儿在探究过程中表现出了探索的兴趣与初步的探索能力；能够在成人的帮助下，通过拉直与不拉直绳子，观察、比较与分析，发现声音传播前后的变化，感知纸杯电话传声的原理。

3. 语言发展：幼儿能积极地与妈妈进行沟通、交流，回应妈妈的提问，用语言清楚地表达自己的想法，也能够倾听和理解妈妈的话；在提醒下尝试解决问题，调整绳子的松紧。

---

① 案例提供者：南通大学教育科学学院王晓芬、张李澄。

4. 社会交往：在活动中妈妈是一个指导者，多次提醒幼儿要拉直绳子，幼儿也会听妈妈的话把绳子拉直，在妈妈的鼓励和配合下感知成功的喜悦。

5. 动作发展：幼儿手的动作灵活协调，手部精细动作发展较好，能够独立完成打结并双手配合把结拉到纸杯中。

四、教育建议

1. 减少对幼儿行为和干预，留给其自主发现与探究的空间。在幼儿遇到问题时，成人不一定要马上纠正，可以使用提问等方式引导幼儿发现问题、解决问题，让幼儿自己开动脑筋来想（为什么传声筒的声音传不过去？我们该怎样解决这个问题？），而不是一味地提醒。

2. 培养幼儿的探究兴趣，鼓励其亲自动手操作。幼儿对于传声筒有着较为持久的兴趣，成人可以抓住这一教育契机，与幼儿一起探究不同变量下声音的传播效果，如探究绳子的长短、粗细、材质等会不会影响声音的传播。成人也可以提供多种不同的操作材料，让幼儿进行自主操作，思考不同的材料如何影响声音传播等，不断提升幼儿的探究意识与能力。

3. 开展多种游戏形式，增强游戏的趣味性。成人可以和幼儿一起为纸杯电话创设更多游戏玩法，例如设计电话的造型、加入表演与故事情节进行情景演绎等，丰富幼儿对传声筒的认知，增强幼儿的游戏体验与感受。

第二节　日记描述法的解读与案例

在叙述性观察中，日记描述法也是一线教师常用的观察记录方法。

一、日记描述法的内涵

日记描述法是一种研究幼儿行为的古老方法，研究者要在较长的时间里，对同一个或同一组幼儿的行为进行追踪观察，持续地记录变化，记录其新的发展和新的行为。这种纵向的观察描述，主要用于研究幼儿的成长和发展，所以有人又把它形象地称为"儿童传记法"。

1882年，德国心理学家普莱尔所著的世界上第一本幼儿心理学教科书《幼儿心理的发展》，就是根据他在对自己儿子所做的科学而又详细的日记的基础上写成的。

1920年，我国著名的学前教育学家陈鹤琴也以其长子陈一鸣为研究对象，从陈一鸣出生起，陈鹤琴对他的动作、能力、情绪、语言、游戏、学习等方面的身心发展变化和各种刺激反应进行了观察和试验，共个808天，并以日记的方式做了详细的文字和摄影记录。陈鹤琴曾经这样记录：

第1月第1星期第1天：（1）这个小孩子是1920年12月26日凌晨2点零9分生的。（2）生后2秒钟就大哭，一直哭到2点19分，共连续哭了10分钟，以后就是间断地哭了。（3）生后45分钟，就打哈欠。（4）生后2点44分，又打哈欠，以后再打哈欠6次。（5）生后的12点钟，生殖器已经能举起，这大概是因为膀胱盛满尿的缘故，随即就小便了。（6）同时大便是一种灰黑色的流汁。（7）用手扇他的脸，他的皱眉肌就皱缩起来。（8）用指触他的上唇，上唇就动。（9）打喷嚏两次。（10）眼睛闭着的时候，用灯光照他，他的眼皮就能皱缩。（11）两腿向内弯曲如弓形。（12）头颅是很软的，皮肤带红色，四肢能动。（13）这一天除哭之外，完全是睡眠的。

第2天：（14）这一天的工夫，差不多完全是睡眠。（15）嘴唇对于外界的刺激感觉格外灵敏。（16）吸乳的动作，已经完全发生（舌头靠着下唇与上唇裹着乳头）。

第4天：（17）吸乳后打噎。……

第2月第5星期第34天：（28）大便渐渐地少了，渐渐地变黄了。第6星期第40天：（29）下午1点

30分,睡着的时候,忽然大叫起来,声音是很坚强的。第7星期第43天:(30)下午吃奶后,睡着有鼾的声音,一丈(约3.3米)以内可以听得,共鼾了10分钟。……

一直记录到第808天:……(353)对于各种颜色的兴趣:从前给他各种颜色的球、珠子和方块玩,他并没有现出什么兴趣的样子,教他各种颜色的名字也不很注意。到了现在,他喜欢用颜色方块来拼颜色花样,又教他用蓝色的一面向上排成一行,但他自己喜欢用黄、蓝两色合拼的一面向上排成行数玩。(354)时间的观念:他饿了要吃的时候,他父亲对他说:"给你拿牛奶去了,你等一会。"这里他知道等的意思,有将来的观念了。后来他吃面的时候看见一个梨子,他就要,他父亲对他说:"面吃过了再吃。"他就不要了。[①]

在文字叙述的同时,陈鹤琴还采用了摄影记录的方法佐证文字描述,这同美国幼儿心理学家格塞尔当时采用电影摄影法进行纵向追踪研究不谋而合。最后,陈鹤琴将记录结果对照西方幼儿心理学家的研究成果,写进了《儿童心理之研究》。陈鹤琴对陈一鸣的连续记录,是我国首例儿童行为观察成长记录,具有里程碑意义。

日记描述法一般有两种类型。一种是综合性日记,记录幼儿各方面发展过程中具有里程碑意义的新动作或行为,如陈鹤琴的观察;另一种是主题日记,主要记录幼儿语言、认知、社会情绪等某个特定方面的新进展,如前文案例2-4入园适应中的康康和后文案例4-8。

二、日记描述法的实施

对于幼儿园教师来说,日记描述法的实施可以是围绕某一方面撰写持续的轶事记录,这往往包括以下两种情况。

一是对幼儿某一领域发展的持续记录。幼儿的发展是持续的、不间断的,教师可以对幼儿某个方面的发展进行持续的记录。比如,围绕幼儿走楼梯这一动作的发展,记录其动作发展的历程。再如,围绕幼儿点数能力,持续记录其点数能力的进步。

二是对幼儿某一行为问题改善的持续记录。问题行为不是一天产生的,其矫正或改善也不是一天就能完成。为此,围绕某一问题行为,持续记录其行为的变化、措施的变化,可以让我们看到行为是如何一步步改善的。案例4-8的《听力障碍幼儿交往能力培养的追踪观察记录》便是代表性记录之一。

不论是上述的哪一种情况,教师的记录都应该这样来进行。

(1)遵循前文轶事记录的基本要求。行为描述、分析与评价等依然遵循一般的行为观察与分析的要求。

(2)围绕本系列记录的重点来进行。比如下文的《听力障碍幼儿交往能力培养的追踪观察记录》,作者关注的是听力障碍幼儿的同伴交往能力,为此选择记录的应该是该幼儿与人,特别是同伴交往的变化,而非其他内容。

(3)本系列的记录应该能让读者看到幼儿行为的变化。这一变化可能是进步,也可能是退步,还可能是某个时间段的维持现状。当然,这系列记录的总体趋势应该是不断提升的。

三、日记描述法的优缺点

日记描述法方便易行,把幼儿的发展置于真实的生活情景中,通过长期详细的记录,可了解幼儿发展的确切次序和行为的连续性,资料真实可靠,可以反复利用并与常模对照。这种方法常常被运用于个案研究和生态学研究中。

但是,日记描述法往往是对个别和少数对象的日常观察,不具有代表性,难以做出有意义的概括。而且它要求观察者与观察对象之间具有较为密切的关系,能与观察对象经常性接触,一般是其父母或家庭成员。正因为这层情感上的特殊联系,观察者在记录时往往带有比较浓厚的感情色彩或主观偏向。此外,日记描述需要观察者花费大量的精力和时间,持之以恒,很多人可能无法做到这一点。

---

① 陈秀云,陈一飞.陈鹤琴全集(第一卷)[M].南京:江苏教育出版社,2008:54—91.

四、日记描述法的案例呈现

案例4-8　听力障碍幼儿交往能力培养的追踪观察记录[①]

安安是我们班上一个特别的男孩。在他13个月大的时候,妈妈忽然发现安安的耳朵听不见声音,她尝试了所有可以挽救安安听力的方法,但最终残酷的现实还是摆在了她面前。医生诊断:安安右耳听力完全丧失,左耳在戴上助听器的情况下,还可以听到一点点的声音……勇敢的妈妈没有放弃这一点点的希望,她不厌其烦地教安安说话,在入园之前,安安已经会说许多单字和叠词。

为了能让安安像正常幼儿那样快乐成长,妈妈没有将安安送进聋校,而是送进了我们班。这样的幼儿具有怎样的发展特点? 怎么帮助听力障碍的他克服先天缺陷,和同伴顺畅交往以及融入幼儿园集体生活? 他的融入经历了怎样的过程? ……这些成为我的教育重点和观察任务。

本次观察历时一年之久,共记录了18次安安交往能力的发展过程,下文选取了代表性的观察案例6则。让我们在这些案例中,感受一个听力障碍幼儿在园的生活与交往,和他一起从被动交往、积累经验,到尝试交往、掌握方法,再到主动交往、体验快乐,进而反思和改进教师的教育观念与行为,以便让更多的幼儿(包括特殊幼儿和普通幼儿)生活得更幸福!

观察记录一　无法与同伴沟通的安安

<table>
<tr><td rowspan="3">基本信息</td><td>观察者</td><td>黄敏</td><td>幼儿姓名</td><td>安安</td><td>性　别</td><td>男</td></tr>
<tr><td>观察日期</td><td>2015年9月10日</td><td>幼儿准确年龄</td><td>3岁9个月</td><td>观察地点</td><td>小三班教室</td></tr>
<tr><td>观察开始时间</td><td>9：00</td><td>观察结束时间</td><td>10：30</td><td>观察方法</td><td>样本描述法</td></tr>
<tr><td>观察目的</td><td colspan="6">了解听力障碍幼儿安安刚入园时与同伴交往面临的主要困难。</td></tr>
<tr><td>观察背景</td><td colspan="6">小朋友们欢迎安安的到来,愿意与之成为好朋友。</td></tr>
<tr><td>行为描述</td><td colspan="6">　　刚到幼儿园的安安对这里的一切充满好奇,多样的玩具、童趣的墙饰、丰富的区角,无不吸引着他,很快他便喜欢上了幼儿园。
　　班上来了新同学,幼儿们最高兴了。当我向大家介绍完安安,并问"谁愿意和安安一起坐"时,许多幼儿都举起了小手。最后,我将安安安排在爱说爱笑的舟舟旁边,希望她能和安安成为好朋友,带领安安一起玩游戏。舟舟高高兴兴地拉着安安的手坐到小椅子上。
　　可是还不到半天的时间,问题就出现了,舟舟急急忙忙跑来报告:"老师,我不想和安安一起玩了,我和他说话,他总是不理我!""他不会说话……"俊俊在一旁轻声地说。这时的安安则独自在喜欢的区角里玩游戏。周围同伴的吵闹声、嬉笑声丝毫没能影响到他,他完全沉浸在自己无声的世界里。</td></tr>
<tr><td>观察结论</td><td colspan="6">刚入园时的安安与同伴交往面临的主要困难是:对语言的理解力弱,无法与同伴正常交流。</td></tr>
<tr><td>原因分析</td><td colspan="6">　　从家访和安安父母处得知,安安右耳听力完全丧失,左耳在戴上助听器的情况下,还可以听到一点点的声音,他具有先天性的听力障碍。故而每次游戏时间,幼儿都三五成群、有商有量地去玩了,安安则自己玩游戏;尽管有同伴主动与他交流,但他听不到或者听到的内容十分有限,为此无法与同伴互动。</td></tr>
<tr><td>教育对策</td><td colspan="6">　　看到安安沉浸在自己的世界里,我想:也许安安认为上幼儿园就是一个人自由地玩玩具,也许这时的他也非常快乐,非常满足。但是作为教师的我,难道就让他这样孤独地快乐下去吗? 我想既然安安已经是我班上的一名幼儿,我有责任让安安融入这个集体,让他也体会到同伴交往的快乐,在合作中获得经验,获得发展。</td></tr>
</table>

[①]　案例提供者:江苏省南通市通师一附幼儿园黄敏。

续 表

教育对策	教师是特殊幼儿（包括听力障碍幼儿）主动的、积极的教育者，年幼的同伴不知道如何与之交流，但教师可以有意地与之互动，也为同伴与之交流做出榜样。为此，接下来我应给予他更多的关爱，先帮助他专注地听教师说话，引导他能简单回答教师的问题。比如，我和其他两位教师可以主动与他聊天，问他一些简单的问题，让他聊聊他熟悉的家庭、亲人和玩具等。

观察记录二　能与教师短暂交流的安安

基本信息	观察者	黄敏	幼儿姓名	安安	性　别	男
	观察日期	2015年10月21日	幼儿准确年龄	3岁10个月	观察地点	小三班教室
	观察开始时间	8∶30	观察结束时间	9∶30	观察方法	样本描述法

观察目的	了解安安与教师的交流情况，评价听力障碍幼儿注意力的发展情况。
观察背景	教师主动、特意地与安安说话。
行为描述	早晨入园后，我主动搂着安安与他聊聊家常，我问他："早上吃的什么呀？""今天是谁送你上幼儿园呢？"或者"这顶帽子真好看，是妈妈买的吗？"……安安则能断断续续地回答"包子、粥""妈妈送我来的"。 　　集体活动中，我将安安的座位安排在最前排，方便他听清教师的话。教学活动中，我请他回答"故事里有哪些小动物"，安安高兴地站起来，指着封面上的小动物说："有小狗、小猪、这个……呵呵呵……"然后他又摇摇头。 　　接下来的讲故事时间，安安听到一半就东张西望。这时，我拍拍他的头，他注意到了教师的提醒，又接着听故事。又过了2分钟，他又回头看，我又走到他旁边，扶正他的身体，用更大的声音讲故事，他又继续听下去。
观察结论	在教师主动、特意的关注下，安安能集中注意力，也能回答一些简单的问题。但相对于同龄幼儿，他的注意力持续时间比较短暂。
原因分析	安安虽右耳听力完全丧失，但左耳戴上助听器的情况下，还可以听到一点点的声音；加上妈妈在家不厌其烦地教安安说话，他已经会说许多单字和叠词，也能理解一些常用话语和问题。为此，安安具备简单的理解能力和交流能力，在教师的特意关注和鼓励下，能注意力短暂集中并回答一些简单的问题。
教育对策	此时的安安注意力已经可以持续一定的时间，这令我欣喜无比，但他的注意力处在"被动状态"，处在教师的控制之下。接下来，需要培养他主动交流的能力，特别是与教师主动沟通的能力。比如，教师可以创造情景，让安安主动发言举手、主动提出简短的问题。

观察记录三　与能干的同伴初步交往的安安

基本信息	观察者	黄敏	幼儿姓名	安安	性　别	男
	观察日期	2015年12月11日	幼儿准确年龄	4岁	观察地点	角色游戏区
	观察开始时间	10∶00	观察结束时间	10∶40	观察方法	样本描述法

观察目的	了解安安在能干的同伴带领下，与人交往的情况。
观察背景	角色游戏区中，能干的成成带着安安弟弟去服装店挑选衣服。
行为描述	这天，能干的成成扮演"娃娃家"的男主人，他语言发展好、沟通能力较强，可以带着同伴愉快地游戏。 　　趁着这个机会，我让安安也加入游戏："安安，和成成一起去角色游戏区吧！"他点头表示答应。我告诉成成："你这么能干，再给你一个小弟弟吧！要照顾好弟弟哦。"成成自信地回答："没问题。"

行为描述	于是,成成哥哥拉着安安弟弟的手带他去"服装店",在路上对他说:"我们去买衣服,好吗?"安安点了点头,跟着哥哥走了。 到了服装店,成成哥哥对服务员说:"请给我弟弟拿件衣服。"服务员问弟弟:"你需要什么衣服?"安安用手指了指,说:"那件。"成成哥哥在旁边告诉他:"你和人家说清楚什么颜色、什么样子的,这样人家才能给你拿呢!"安安在成成的提醒下,回答:"蓝色的。"成成又提醒他:"你还要跟人家说什么样子的,有好几件蓝色的呢。"安安有些茫然,没有回答。成成又大声地问:"你要什么样子的衣服?"安安听清楚了问题,指着一套蓝色的运动装,说:"我要这个样子的。" 服务员拿下衣服给安安,成成付款后带着安安离开了服装店。一路上,两个人开开心心,蹦蹦跳跳。
观察结论	安安在能干同伴的提醒和帮助下,说出了更多的话,而且语言表述清晰,同伴交往能力也得到了提高。
原因分析	幼儿的发展需要同伴、成人的引导。安安在能干的同伴成成的带领下,说了许多平时很少说清楚或者说不完整的话,这得益于"所有较高级的认知过程的建立都源于与社会的相互接触……通过参与更成熟的社会成员的共同活动,幼儿逐渐掌握了这些活动,并以在其文化中有意义的方式思维"(维果斯基的心理发展的文化历史理论)。 相对于成人,成成的"教育"能力虽然弱,但更能落在安安的"最近发展区"内,成成的指导也为安安提供了更适宜的"支架"。为此,安安的交往能力得到了提高。
教育反思与对策	安安的交往能力逐步提高,从一开始与同伴无法沟通,到能在教师的指导下简单回答问题,再到能和能干的同伴沟通,他的进步让我欣慰和欣喜。在接下来的教育活动中,除了进一步巩固他已发展的交往能力外,更应该帮助他去主动交往,慢慢掌握交往的技巧。 比如,与安安父母进一步沟通,让他们带安安走出家庭,与小区的同伴一起游戏,并在这个过程中教他使用邀请、协商等积极方式。再如,在幼儿园生活中,在一些对交往能力要求不高的场合,让安安发起主动交往。

观察记录四 尝试主动交往的安安

基本信息	观察者	黄敏	幼儿姓名	安安	性 别	男
	观察日期	2016年3月21日	幼儿准确年龄	4岁3个月	观察地点	集体活动室
	观察开始时间	14:30	观察结束时间	15:00	观察方法	样本描述法

观察目的	观察安安主动发起交往的过程,评价其主动交往能力的发展情况。
观察背景	安安与同伴看喜爱的电视动画片。
行为描述	午睡起床后,幼儿正在安静地看电视。今天播放的动画片是《哆啦A梦》,看到熟悉的形象,大家都特别感兴趣,安安也一样。看到有趣的地方,安安和同伴们都发出了欢乐的笑声。 也许他想将自己的喜悦与旁边的舟舟分享,于是他用手拉拉舟舟的手臂。舟舟正沉浸在动画片里,没有反应。安安又伸手掐了一下舟舟的脸蛋,可能用力过大,舟舟"哇——"的一声哭了。大家都看着他们,安安连忙低下了头,一副不知所措的样子。
观察结论	安安尝试与同伴交往,但是在实际操作中使用了不恰当的方法。
原因分析	在前期的观察中,我发现安安已经体会到同伴交往带来的快乐,为此他开始主动交往。这次观看动画片时,安安想与同伴分享快乐,他拉舟舟的手想引起舟舟的注意,又掐舟舟的脸以至于舟舟大哭。可见,这时的安安还没有学会用适宜的方式表达自己的意图。
教育反思与对策	如果此时教师与同伴一味地指责和批评,也许安安再也不会主动交往了,甚至内心会产生惧怕和退缩。这时,教师应该教给安安更恰当的同伴交往的方法。 比如,教师可以轻轻地走过去,摸摸安安的头,再摸摸舟舟的脸,对安安说:"安安,你喜欢舟舟,对吗?"安安应该会点点头。教师可以追问:"刚才安安想和舟舟说什么呀?"我想,安安会做出自己的回答。再如,在以后与交往能力培养有关的教育活动中,在游戏和生活活动场景中,教师要引导安安学习怎样的沟通更受到同伴的欢迎,教他学会用言语沟通、协商。

观察记录五　学习和同伴商量的安安

基本信息	观察者	黄敏	幼儿姓名	安安	性　别	男
	观察日期	2016年5月17日	幼儿准确年龄	4岁5个月	观察地点	户外操场
	观察开始时间	8：00	观察结束时间	8：40	观察方法	样本描述法

观察目的	了解安安用语言和同伴沟通的情况。
观察背景	幼儿在玩顶沙包游戏,安安也想加入。
行为描述	这天的晨间活动中,俊俊等几名幼儿在玩顶沙包游戏。安安在一旁满脸羡慕地看着,显然,他也想参加他们的游戏,但一直看了3分多钟,安安也没有走上前去。 　　我走向安安,告诉他:"我们一起去和他们玩吧? 咱们可以想出更新鲜的玩法,你有什么好的玩法吗?"安安点点头。我说:"那好,我们去跟他们说,要注意和小朋友们商量。"安安又点点头。 　　安安跟着我走到同伴中间,我摸摸他们的头,示意他们安静下来:"我和安安看到你们玩沙包玩得很开心。今天安安有一种更新的玩法,我们让安安说说怎么玩,好吗?"显然,幼儿很照顾这位玩伴,等着安安发言。 　　安安说出并示范了新的顶沙包的方法:"小乌龟背粮食。"我鼓励地说:"安安的玩法是不是很有意思? 我们来试试吧!"大家愉快地接纳了他,开始了新一轮游戏。我在一旁向安安做了一个胜利的手势,安安会心地笑了。
观察结论	在教师的带领下,安安可以用语言与同伴交往,而且可以用简单的语言比较清楚地表达出自己的想法。
原因分析	之前的观察发现,安安已经开始尝试交往,他更需要掌握的是正确的交往方式和技能。在这次观察中,安安虽然很想加入游戏,但不知怎么加入,最后他成功用语言达到了交往的目的。这得益于教师的鼓励和带领,得益于同伴对他的了解和接纳,更得益于他语言能力的提高和交往技巧的提升。
教育反思与对策	在过去的一年内,安安进步明显。他不仅在学习如何与同伴交往,得到了同伴的接纳,语言表达能力也提高了许多。当然,相对于同伴,安安的语言仍然存在词汇量少、句子简短的问题,沟通技巧也有待于提高。 　　在以后的活动中,除了进一步通过增加其词汇量和交往机会提高其语言表达能力,使其巩固语言沟通和协商等技能,还可以拓展语言外的交流方式(如肢体语言、表情、动作等),这会进一步提升其交往能力。

观察记录六　多样化表达的安安

基本信息	观察者	黄敏	幼儿姓名	安安	性　别	男
	观察日期	2016年6月22日	幼儿准确年龄	4岁6个月	观察地点	中三班教室
	观察开始时间	15：30	观察结束时间	16：00	观察方法	样本描述法

观察目的	了解安安与好朋友交流的多样化方式。
观察背景	安安与最好的朋友泱泱相处。
行为描述	泱泱是安安最好的朋友,泱泱就像大姐姐一样处处照顾这个特别的弟弟:下课了,泱泱会拉着安安的手一起去喝水;游戏时,安安会找泱泱躲猫猫;做操时,泱泱会给站在自己前面的安安拿好小铃…… 　　这一天是泱泱的生日,安安和妈妈用彩色的珠子为泱泱制作了一串精美的项链。在大家唱完《生日快乐》歌后,安安亲自将项链戴在泱泱的脖子上,脸上洋溢着阳光般的微笑,而泱泱也享受着好朋友送给自己的礼物。

续　表

观察结论	对于好朋友泱泱对自己的好,安安记在心里,除了平时用语言交流外,他学会了用送礼物这种方式去表达。
原因分析	在同伴交往中,安安虽然表达能力有限,但心里确切地知道泱泱对自己好,泱泱是自己的好朋友,他也把这种好记在心里,在生日时为泱泱送上了亲手制作的项链。可见,安安的社会性发展迅速,特别是与某些重要他人(本次观察中的泱泱、历次观察中的教师)能够和谐相处。
教育反思与对策	过去一年的时间里,安安已经融入了幼儿园生活,每天愉快地来园,常常与同伴们亲切地交流、亲密地游戏,他的进步让教师欣慰,也让其父母高兴。最高兴的当然要数安安妈妈了,安安妈妈说:"现在安安会说的话越来越多,也越来越清楚。" 　　安安的语言表达、对他人的理解和同伴交往等各方面的能力得到了迅速提高,他的发展经历了"被动交往,积累经验—尝试交往,掌握方法—主动交往,体验快乐"的过程。看着安安健康快乐地成长,大家都幸福地笑着。 　　未来,我们还要对此类特殊幼儿给予更多的关注,施加更多的教育。

·思政园地·

中国幼教之父——陈鹤琴

　　陈鹤琴,浙江上虞人,是我国现代著名教育家、儿童心理学家和儿童教育专家,我国现代幼教的奠基人,被誉为"中国幼教之父"。1920年12月26日凌晨,陈鹤琴的长子陈一鸣出生,时任南京高等师范学校教育科心理学、儿童教育学教授的陈鹤琴,在其妻子协助下,对陈一鸣从出生起的身心发展,通过图像加文字的方式进行连续性的跟踪观察和记录。通过808天的观察,陈鹤琴积攒下了十余本图文详细的记录。陈鹤琴根据这些一手资料写出了中国最早的一批本土化儿童心理与儿童教育研究著作,特别是中国儿童心理学的奠基性著作《儿童心理之研究》。这一著作不但在1949年之前一直被视作权威,就是在近一个世纪后的今天,其运用的儿童早期发展的追踪研究仍然被视为典范。

　　100多年前,陈鹤琴先生以朴实的文字与简洁的照片,开启了中国首例儿童观察记录的先河。100年后的今天,观察记录仍然是幼儿教师的核心素养与关键能力。请结合陈鹤琴先生的观察研究之路和观察记录,谈谈:作为一个学前师范生,我们应该学习陈鹤琴先生的哪些精神?

岗课赛证

一、辨析题

　　1. 100多年前,陈鹤琴对其儿子陈一鸣进行了808天的观察,这是我国首例幼儿行为观察成长记录。

　　2. 不论是轶事记录,还是日记描述,在对幼儿行为进行描述时都应该遵循客观的原则。

　　3. 为了迎合家长,我们对幼儿行为进行观察时可以报喜不报忧,也就是只选择好的表现,忽略其发展的不足。

参考答案

二、简答题

　　1. 简述轶事记录法所记录的轶事有哪些类型。

　　2. 简述轶事记录法的实施过程。

　　3. 简述日记描述法的优缺点。

三、实训题

案例
画油菜花的西西

案例
搭建小汽车的妙妙和慕慕

视频
第三次搭建火箭

案例
三次搭建火箭

1. 请对"画油菜花的西西"这一观察记录文本①进行评析，并提出修改建议。

2. 请结合案例"搭建小汽车的妙妙和慕慕"②中的幼儿行为描述，对两个幼儿（妙妙和慕慕）的行为表现进行分析和评价；之后，从理论与实践相结合的角度，提出促进他们发展的指导策略。

3. 活动视频"第三次搭建火箭"③中呈现了幼儿搭建火箭的尝试，请仔细观看，并对每次幼儿的行为过程、搭建的作品进行分析和提出教育建议。之后，扫描案例"三次搭建火箭"的二维码，阅读了解这一组幼儿搭建火箭的基本过程、教师指导、作品分析、教育建议和教师对本次搭建的整体反思，进而学习优秀游戏观察案例的撰写。

4. 请结合材料，从教师职业道德的角度，评析刘老师的教育行为。（幼儿园教师资格证考试2021年下半年"综合素质"真题）

开学初，中（2）班来了一名叫瑞瑞的插班生。班主任刘老师通过一个月的观察发现，瑞瑞不愿意与同伴交往，经常咬人、打人，还发现瑞瑞在语言交流和表达等方面明显低于同龄幼儿的发展水平。

刘老师与家长进行沟通了解到，瑞瑞长期与奶奶在一起生活，爸爸妈妈都不在身边。接下来的一段时间，刘老师对瑞瑞的行为进行了仔细的观察和记录，还多次去瑞瑞家进行家访，了解其在家的具体情况。针对瑞瑞的情况，刘老师专程到儿童医院向专业人士咨询。回来后，刘老师把咨询的情况与远在外地的瑞瑞妈妈进行了沟通，建议瑞瑞妈妈及早带孩子去专门机构进行科学的发展测评。同时，刘老师在班级的各项活动中，有意识地引导其他幼儿和瑞瑞交朋友、做游戏。

通过测评，瑞瑞的确存在发育迟缓的问题。专业人士为瑞瑞拟订了矫治方案，在刘老师和家长共同配合下，这一方案得以实施。

拓展阅读

1. 刘昊.有了这十句打油诗，园长再也不用担心我的观察记录.https://www.sohu.com/a/394117415_672529.

2. 朱荟宇，夏玲玲.中班幼儿绘画表征的发展、特点与提升策略——以幼儿A的绘画作品为例[J].早期教育，2022（52）：27—30.

3. 易娟.不言不语的默默——物件偶剧场对儿童语言学习和心理发展的支持[J].学前教育，2022（19）：18—22.

---

① 案例提供者：江苏省南通市开发区康思登幼儿园樊丽丽。
② 案例提供者：江苏省如皋市港城实验幼儿园倪黔菲。
③ 案例提供者：江苏省苏州市工业园区文景幼儿园殷伟。

第五章

取样观察的解读与案例

章节导入

　　某幼儿园大班教师王老师想要了解本班幼儿在游戏活动中的合作行为及发生的频率,但如果对发生在所有幼儿身上的合作行为都进行研究,则没有那么多的时间和精力。为此,王老师很苦恼。

　　在请教了幼儿园骨干教师李老师以后,王老师尝试着在9点半到10点之间,观察班级内6名幼儿在建构区的合作行为及发生频率。王老师每次观察30分钟,并将其平均分配在6名幼儿身上,即每名幼儿5分钟。此后,她又在一个星期内重复这个过程两次,获得了这6名幼儿每人三次、每次5分钟的行为记录,了解了他们在建构游戏中的合作行为及频率。

　　在此基础上,王老师想进一步详细了解幼儿在游戏中的合作行为,如口头语言交往、肢体动作交往、合作完成某项作品、分角色合作游戏等。于是又以合作事件为观察目标,在了解行为及频率的基础上,观察记录了与合作相关的事件和行为,从而全面地了解了班级幼儿在游戏中的合作情况。[①]

　　上述情境中,王老师使用的观察方法就是取样的方法,并且其先后使用了时间取样法和事件取样法。时间取样法和事件取样法分别是什么? 在什么情况下适用? 有哪些特征? 各自又有什么优点和不足? 在使用过程中要遵循哪些程序? 这些将是本章要探讨的内容。

学习要点

1. 了解事件取样观察和时间取样观察的内涵。
2. 理解事件取样观察和时间取样观察的优缺点。
3. 掌握事件取样观察和时间取样观察的实施过程,有初步反思的意识。

第一节　事件取样法的解读与案例

一、事件取样法的内涵

　　事件取样法是指以选取行为或事件作为观察样本的观察取样法。它的测量单位是行为事件本身,而不需要受时间间隔或时段的限制,只要行为或事件一出现就开始记录,并且可以随着事件的发展持续记录。事件取样法注重的是行为事件的特点、性质。例如,研究者要对学前儿童的攻击性行为进行研

[①] 孙诚.幼儿行为观察与指导[M].长春:东北师范大学出版社,2014.

究，就可以在自然情境下运用事件取样技术进行观察。首先研究者要对"攻击性行为"下操作定义，然后要预先考虑观察记录所需的内容，如攻击性行为发生时的情景、各种攻击性行为类型、攻击性行为持续的时间、行为结果及之后的反应等，要求尽可能记录幼儿之间真实的谈话。观察者则在观察现场等待攻击性行为事件的发生，当它发生时，就立刻计时。

事件取样的目的在于记录观察者所欲观察的特定行为或事件，以及事件发生的连续因果关系，进而从对事件的持续记录中得知行为发生的模式。但事件取样仅针对特定的事件或行为进行观察，只关心事件本身；特定事件或行为以外的事件或行为，并不在观察范围之内，也不予记录。因此，以事件取样来进行观察容易锁定观察的焦点，不易失焦，得到的观察记录资料也能够充分解答研究问题[①]。

美国研究者为我们提供了在定量研究中运用事件取样观察法的实例。他选择保育学校中幼儿的争执事件为观察目标，观察对象为25—60个月龄的幼儿（女19人，男21人），在幼儿自由活动时间内，观察自发的争执事件并进行描述与记录。研究者事先制定好观察记录表（见表5-1），以便迅速完整地记录事件情况[②]。

表 5-1　幼儿争执事件记录表

幼儿	年龄	性别	争执持续时间	发生背景	行为性质	做什么,说什么	结果	影响

研究者等待争执事件发生，一旦发生便开始用秒表计时，并观察与记录事件的进行情况。研究者经过58个小时的观察，共记录了200例争执事件，平均每小时3.4次，其中68例发生于室外，132例发生在室内，有13例持续1分钟以上。

通过对观察数据分析发现，男孩的争执多于女孩；年龄相差大的幼儿比年龄相仿者争执多；随着年龄的增长，争执事件减少，但侵犯性质增强。导致争执发生的原因在于对占有物品的不同意见。大多数争执自行平息，恢复较快，无表现愤恨的症候。

事件取样的特性主要有三点，具体如下[③]。

1. 所得资料为持续性资料,容易了解事件及其发生的脉络

事件取样强调，除了记录所欲观察的特定事件或行为本身外，仍需记录事件或行为发生的前因后果和情境，但必须从事件或行为一发生就开始记录，持续记录到事件结束。因此，所得到的资料是持续性的资料。如此，不仅可以得到事件或行为的发生次数，亦有助于了解事件及事件发生的背景和过程。

2. 有益于深入探究某一事件或行为

将焦点集中在特定的事件或行为，特定的事件或行为以外者则不在观察范围内，观察者容易聚焦所要观察的特定事件或行为，进而深入探究，并获得较为详尽的了解。

3. 配合事前的缜密计划,信息易聚焦

事件取样是有计划的观察工作。配合事前的缜密计划，可对特定的事件或行为有清楚的认知和了解，并有利于对事件或行为提出明确的分类和定义，便于现场观察和记录。

时间取样法与事件取样法两者之间的主要区别在于：时间取样法获取的资料重在事件行为的存

---

① ③　蔡春美,洪福财,邱琼慧,等.幼儿行为观察与记录［M］.上海：华东师范大学出版社,2013.
②　孙诚.幼儿行为观察与指导［M］.长春：东北师范大学出版社,2014.

在；而事件取样法则着重于行为事件的特点、性质，以此作为观察者注意的中心，而时间在这里仅仅是说明事件持续性等特点的一个因素。事件取样观察法不受时间的限制，因而可以研究的范围更广泛[①]。

二、事件取样法的实施

（一）确定观察目标和操作定义[②]

在实施事件取样法前，研究者一定要确定所要观察的行为，并进行操作性定义。确定所要观察的行为是进行观察的第一步，例如，观察的行为是相互交往行为还是依赖行为，抑或是友好行为等。只有明确了观察的行为之后，才能在观察时等候所选择的行为或事件发生，并做出记录。另外，在明确所要观察的行为以后还要对这些行为进行操作性定义。

操作性定义，又称操作定义，是从具体的行为、特征、指标上对观察行为进行描述，将抽象的概念转换成可观测、可检验的项目。这种操作性定义，在许多观察者同时进行同一个观察计划的时候尤为重要，即每个观察者在实施观察前应明确操作性定义的内涵。

比如，根据学前儿童行为的特征，我们认为，幼儿的亲社会行为是指幼儿在其生活中表现出来的有利于他人、集体和社会的行为。具体地讲，幼儿的亲社会行为主要包括以下五种形式。

（1）助人：幼儿在他人需要帮助时给予帮助，如帮同伴扣纽扣、扶起摔倒的同伴等。

（2）分享：幼儿与同伴分享玩具、分吃食物等。

（3）合作：幼儿与同伴协同完成某一活动，如合作游戏等。

（4）安慰：在他人遭受心理或生理的伤害时，幼儿给予安慰。

（5）公德行为：该类行为无明确的行为对象，是有利于集体、社会的良好行为，如关紧龙头、清扫垃圾等。

（二）了解研究行为的一般特质

在观察前，观察者要对所要观察的行为有充分的了解，知道应该在何时、何地进行观察。只有这样，才能在行为发生时立即辨认出这些行为。如，对于什么是互动交往行为，只有在充分了解后，才能在这些行为发生时很快观察到。又如，我们无法从幼儿的体育活动过程中了解许多幼儿的角色游戏，却可以在幼儿游戏区自由活动时间里获得这方面的资料。通常研究者需要通过预先进行预备性观察，选择所要研究的行为，确定其操作性含义，并了解这类行为发生的一般状况。

以师幼互动行为为例，将定义行为的内容说明如下[③]。

1. 行为范畴

何谓师幼互动行为？哪些行为属于师幼互动行为？哪些行为不属于师幼互动行为？如幼儿向教师寻求关注与安慰，教师给予了相应的回应，或者只有幼儿寻求关注而教师采用忽视的策略，是否都属于师幼互动行为？均要在观察之前有明确的界定。

2. 行为类别

在具体的师幼互动行为事件中，研究者根据互动的主导者初步将其划分为两大类型：一是教师作为互动的施动者确定互动行为事件的主题，即由教师开启的师幼互动行为事件，具体包括约束纪律、指导活动、照顾生活、抚慰情绪、提问、让幼儿帮助做事、共同游戏、表达情感和询问；二是幼儿作为互动的施动者确定互动行为事件的主题，即由幼儿开启的师幼互动行为事件，具体包括寻求指导与帮助、告状、表述情况、请求、发表见解、寻求关注与安慰、询问、帮助教师做事以及与教师共同游戏。

3. 行为定义

界定各行为类别的具体意义。例如，约束纪律是指"教师根据幼儿园日常生活及教学活动中的普遍性行为规范，或教师自行制定的、限于本班内执行的某一项规则，制止、改变或鼓励、强化幼儿的某种行为"。研究者进一步举例为："在做游戏总结时，教师发现佳佳歪着身子坐着，便对着佳佳双手在自己

微课

事件取样法的
实施

[①]　张燕，邢利娅.学前教育科学研究方法[M].北京：北京师范大学出版社,1999.

[②]　王美芳，庞维国.学前儿童在园亲社会行为的观察研究[J].心理发展与教育,1997(03):17—22.

[③]　孙诚.幼儿行为观察与指导[M].长春：东北师范大学出版社,2014.

的膝上拍了拍,挺了挺胸,示意佳佳按照'小手放在膝盖上,小脚并拢'的规则坐直。"

（三）决定记录内容

事件取样法可以同时用文字描述和检核的方式进行记录,可以不受时距的限制,因此比时间取样法更具有弹性,可以很自由地记录并描述事件发生的细节。例如,之前关于对幼儿争执行为观察的案例中,研究者不仅对幼儿争执行为发生与否进行了检核,还进一步记录了自己感兴趣的五种资料——争执行为持续多久、争执发生的背景起因、争执什么、争执时的特殊言语或动作、结局如何。这样,就对争执事件的所有信息有了一个比较全面的了解。

例如,李少伟对儿童任性行为的研究就是运用事件取样观察法进行的。研究者首先对"任性"下定义,进而使之操作化。接着,通过查阅资料和了解教师及家长对任性的描述,在分析研究的基础上,对任性的定义做出了这样的概括:任性是指幼儿经常表现出的以自我为中心,不顾客观条件、社会行为规范和周围人的正当要求,非要达到自己目的的不加约束的行为[1]。

通过预备性观察,研究者了解到,在幼儿园中幼儿的任性行为主要有这样几方面的表现:不服从老师或其他幼儿的正当要求,犯了错误不承认,抢别的幼儿的玩具,玩时争先、争座位,破坏性行为和支配别人等。由此,研究者确认了任性行为类型。由于任性行为有时与攻击性行为很难区分,研究者在取样过程中做了人为的规定:以抢玩具为例,甲抢乙的玩具,如甲一抢便到手,乙没有争执,不算任性;如甲一下没抢到,遇到乙的反抗,甲还接着抢,那么便算是任性行为。

在为期两周的预备性观察中,研究者考察了幼儿在园生活中任性行为的多发时间,发现在教学活动、用餐、自由活动这三大部分活动中,幼儿任性行为表现主要集中在自由活动这一段时间中。通过初步观察和分析记录得到的资料,发现幼儿的任性行为大多数是针对同伴的,针对教师的任性行为则很少。因而研究者决定把注意力放在考察幼儿园自由活动时间中幼儿针对同伴的任性行为上。

观察的内容和记录的要求:① 任性者和任性行为对象;② 任性行为起因;③ 任性行为的表现形式(双方的语言、动作及表情等);④ 行为结果,即任性者是否达到目的等;⑤ 持续时间。

（四）确定记录形式[2]

事件取样观察法的记录方式较灵活,可以采用提前编码的记录,也可以运用叙述性记录法,还可以将两者结合使用。例如,研究者运用事件取样法研究幼儿的专断行为,在确定观察的目标行为以及操作定义的基础上,建立了行为类型系统并加以编码,决定采用描述记录与编码记录结合的方式,以便尽可能多地保留原始资料和做出深入分析。研究者设计了下面的记录表格(见表5-2)。

表5-2　专断事件记录表

事件第＿＿号	场景＿＿＿	日期＿＿＿	事件＿＿＿
			观察者＿＿＿
专断幼儿(姓名)＿＿	年龄＿＿＿	性别＿＿＿	
专断对象(姓名)＿＿	年龄＿＿＿	性别＿＿＿	
情景(描述):		专断行为: C＿＿ PL＿＿ ID＿＿	
专断行为结果(描述):		行为结果: COMP＿＿ REF＿＿ +C/N＿＿ −C/N＿＿ IG＿＿	

注:(表中C、PL等编码符号的含义)C——命令;PL——身体指导;ID——暗示指令;COMP——服从;REF——拒绝;+C/N——协调而达到积极结果;−C/N——协调而达到消极结果;IG——不予理睬。

[1][2]　张燕,邢利娅.学前教育科学研究方法[M].北京:北京师范大学出版社,1999.

三、事件取样法的优缺点[①]

(一) 优点

(1) 事件取样观察法可在有准备的情况下获取有代表性的样本，是一种省时、简便、实用的方法。观察者只要带上笔与纸等观察工具，一旦特定的行为或事件发生，就进行观察记录。事件取样法需对所要观察的行为界定清楚后进行记录，如界定何谓"合作"。观察者随时观察幼儿的一举一动，只要所欲观察的行为出现，就予以记录。

(2) 通过事件取样观察法收集到的资料不孤立，也不割裂。事件取样观察法研究的事件记录比较完善，可以对行为的前因后果做详细记录，从开始记录行为发生一直到结束为止。因此，观察记录到的内容仍以事件为主线，尽可能地忠实于事件本身。

(3) 事件取样观察法能综合运用叙述性描述。事件取样一般以记录描述性质的数据为主，有时也配合已开发出来的查核表来计算行为的数量。

许多研究幼儿行为的学者把事件取样观察法作为主要研究方法之一的原因就在于此，然而肯定的同时也伴随着质疑声。事件取样观察法被批判的原因在于其只能收集定性资料，无法控制行为发生的完整性，因而有些研究者放弃了事件取样观察法而选择时间取样法，以达到更为有效的研究目的。

(二) 缺点

(1) 可能会缺乏测量的稳定性。事件取样观察法收集的是定性资料，不能够提供量化数据，不利于做各种统计分析。

(2) 无法保持行为的完整性。事件取样法只适用于经常发生的行为，不能使研究者进行大样本的研究，只集中观察特定事件本身。因而观察记录无法涉及行为的具体情景，割裂了行为与其背景的关系，较为忽略行为的起因、性质等线索，无法获取有关行为因果关系的资料。

(3) 在分析时比较烦琐。事件取样法经常会伴有文字描述的记录，和时间取样法相比，在分析时难免会烦琐一些。需要观察者记录行为是什么时候出现和什么时候结束的，而不像时间观察法那样只记录行为的出现与否。

四、事件取样法的案例呈现

案例5-1　集体教学活动中的同伴互动行为[②]

事件取样法观察记录

幼儿姓名：玮玮	性　别：男	编　号：01
年　龄：4岁6个月	观察日期：2016年5月12日	
开始时间：9：30	结束时间：10：00	

观察目标：观察玮玮及同伴在集体教学活动中的同伴互动行为
背　景：圣诞节将至，班内某幼儿家长来到班内给幼儿进行一次集体教学活动——制作许愿圣诞树
观　察　者：李青

幼儿同伴互动行为类别：
1. 寻求帮助　　2. 提出建议　　3. 表达情感　　4. 争夺物品　　5. 其他
同伴互动行为操作性定义：
1. 寻求帮助：在集体活动中，向同伴借用物品，或向同伴发出求助信号。

---

① 马新新.事件观察法应用浅析［J］.求知导刊,2016(13)：51—52.
② 李晓巍.幼儿行为观察与案例［M］.上海：华东师范大学出版社,2016.

2. 提出建议：在集体活动中，向同伴提出自己的建议和想法，给予同伴帮助。
3. 表达情感：在集体活动中，通过语言、动作、表情来表达对同伴的鼓励、赞美。
4. 争夺物品：在集体活动中，与同伴出现争吵、争夺物品等行为。
5. 其他：不能归属于上述四种同伴互动类别的同伴互动行为。
同伴互动行为引发的结果：
1. 接受及回应　　　2. 忽视　　　3. 拒绝　　　4. 协商

姓名	年龄	性别	互动时间	发生背景	互动原因	说什么做什么	结果	影响
玮玮	4岁6个月	男	18 s	"制作许愿圣诞树"集体活动刚开始	剪刀数量不够	BZ（能把剪刀给我用一下吗？）		寻求教师的帮助
壮壮	4岁3个月	男	18 s				JJ（我在用）	继续做自己的事情
玮玮	4岁6个月	男	20 s				JS（嗯，可以，加油！）	加快自己的速度
壮壮	4岁3个月	男	20 s	按轮廓剪好圣诞树后	壮壮拿给玮玮看	JY（你看，我这样剪可以吗？）		面带微笑
玮玮	4岁6个月	男	25 s				JS（点头说"可以的"）	自己手里的还没有剪完
菲菲	4岁2个月	女	25 s	菲菲也在剪自己的圣诞树	拿起手中的圣诞树询问玮玮	BZ（你看这个剪断了吗？这样剪可以吗？）		
玮玮	4岁6个月	男	28 s		看到菲菲突然哭起来	GQ（菲菲，你怎么了？别哭，有事告诉我）		
菲菲	4岁2个月	女	28 s	菲菲已经剪断几次			HS（不理睬玮玮的话，继续号啕大哭）	教师过来帮助解决
玮玮	4岁6个月	男	19 s	玮玮在剪圣诞树	总将圣诞树的转折处剪断	QT（壮壮，我能看看你的吗？）		寻求教师的帮助
壮壮	4岁3个月	男	19 s				HS（没有理睬玮玮，在忙着涂色）	
玮玮	4岁6个月	男	18 s				JY（你写上你的名字或者标记）	
壮壮	4岁3个月	男	18 s	壮壮将自己的圣诞树涂好了颜色	告诉教师自己的作品完成了		JS（我写数字也可以吧？）	

姓名	年龄	性别	互动时间	发生背景	互动原因	说什么做什么	结 果	影 响
玮玮	4岁6个月	男	15 s		看到壮壮的作品,玮玮脸上露出赞同的表情,并伴随点头			看到有人已经完成,自己也开始抓紧涂颜色
壮壮	4岁3个月	男	15 s	壮壮做好了自己的圣诞树	向玮玮展示		JS(继续向别人介绍自己的圣诞树)	

同伴互动类别:
BZ=寻求帮助　　JY=提出建议　　GQ=表达情感　　ZD=争夺物品　　QT=其他
同伴互动行为结果:
JS=接受与回应　　HS=忽视　　JJ=拒绝　　XS=协商

分析:
　　玮玮在同伴互动中处于发起者地位,经常向同伴发起互动。在30分钟的集体教学活动"制作许愿圣诞树"中,玮玮与壮壮发生了5次互动,与菲菲发生了2次互动,其中由玮玮主动发起的互动有5次。壮壮和菲菲分别向玮玮发起1次互动,都得到了玮玮的接受和回应。同时,玮玮也很愿意表达对同伴的肯定和鼓励。他看到同伴的作品,会通过动作、语言、表情等来表达对同伴的赞美和鼓励。其他同伴也很乐于向玮玮寻求帮助,并能得到回应和帮助。
　　玮玮和菲菲在剪纸过程中都遇到了困难:在转折处经常剪断。他们不能理解"按着黑色条剪"的意思,会把没画线的地方也剪断。中班幼儿的空间想象发展还处于初级阶段,所以在剪纸时碰到拐点会遇到困难。但玮玮尝试几次均剪断,在求助同伴没有得到回应后,主动请求了教师的帮助。与菲菲遇到困难时用哭来解决相比,玮玮有较好的问题解决能力。

评价:
　　玮玮在同伴互动中经常是主动发起者,有较好的问题解决能力,并能提出恰当的意见。壮壮空间想象能力和动手操作能力发展良好,能够在短时间内做好圣诞树,并乐于征求他人的赞美。与玮玮相比,菲菲遇到困难没有良好的解决办法,以哭来解决问题。

建议:
　　教师在选择教学材料时,要注意考虑幼儿的年龄特点,并重点讲解剪纸遇到转折处怎样处理。同时,教师应不断鼓励菲菲,增强她解决问题的能力。还要注意引导壮壮在面对同伴寻求帮助时积极主动回应,为同伴提出建议,帮助同伴解决困难,懂得同伴互助,增强其合作水平。

案例5-2[①] 幼儿告状行为

观察主题:幼儿告状行为
观察者:A老师
观察日期:2006年5月5日　　　　　　　　观察时间:10:10—10:20

项 目	描 述	备 注
事件发生前	在区角活动时,珊珊左看右看,最后选择了图书角。图书角内已有五名幼儿,珊珊是最后一个进入图书角的。珊珊走到书架前,将书架里的绘本一一拿起又放下。珊珊这样重复了好几次,依然没有选中任何一本书。	

① 蔡春美,洪福财,邱琼慧,等.幼儿行为观察与记录[M].上海:华东师范大学出版社,2013.

续　表

项　目	描　　　述	备　注
事　　件	珊珊转了个身,看见坐在一旁的欣欣手上的绘本,便伸手拿了过来。	
事件发生	欣欣立刻站了起来,将珊珊手上的书抢了回来。不一会儿,尹珊又抢了过去。	
教师回应		
分　　析		

第二节　时间取样法的解读与案例

一、时间取样法的内涵[①]

时间取样观察法指在事先设定的时间间隔内观察目标行为,并记录目标行为的出现次数,借以了解行为模式的一种方法。时间取样通常适用于观察出现频率较高的行为,可以用来观察一个或一个以上幼儿的行为表现。以时间取样法观察和记录幼儿的行为表现所得到的资料属于量化的资料,方便统计幼儿出现该目标行为的次数或频率,利于进一步分析解释。例如,观察者可以采用时间取样法观察记录幼儿的欢笑行为或者哭泣行为,也可以观察记录幼儿的亲社会行为或者攻击性行为等。

观察对象的行为必须具备两个条件才能运用时间取样的方法:一是所观察的行为必须是经常出现的、频率较高的行为。具体来说,每15分钟不低于1次的行为才适用此方法来研究。二是观察对象的行为必须是外显的、容易被观察到的行为。因而,时间取样观察法比较适合于观察频率比较高的外显行为和事件,其观察结果具有一定的客观性,并能反映一个整体在某一行为领域的发展状况。

关于时间取样法的特性主要有三条:① 属于结构化的观察法。于观察前拟订详细的观察计划,制定清晰的观察程序和工具用于观察和记录目标行为,获得的观察结果可具有较佳的信度和效度。② 节省资料收集的时间。使用事前设计的观察量表,方便依据明确定义的行为类别进行观察,迅速且客观地记录目标行为,节省资料收集时间。③ 可获得具代表性的行为样本。依据观察目的和主题设定观察时间的长短,可得到具代表性的行为样本,且足以回应观察目的和提供回答观察问题的信息及资料。

二、时间取样法的实施[②]

(一) 选择目标幼儿作为观察对象

观察者既可以采用时间取样法来观察某一特定幼儿的行为表现,也可以采用这一方法来观察由多名幼儿组成的幼儿团体的行为表现。在具体操作时,观察者可根据观察目标,确定观察对象的数量。比如,观察者的观察目标是了解班级中某一名幼儿学习绘画的坚持性,那么其观察对象就可以锁定为这一名幼儿。如果观察者的观察目标是了解全班幼儿学习绘画的坚持性,那么其观察对象就应当相应地扩展为整个班级的幼儿。同时,观察者在确定观察对象及其数量时,要尽可能使观察对象的行为代表研究目标的一般形态。也就是说,观察者所选定的观察对象要具有一定的代表性,而不是情况特殊的个案(个案观察除外)。

① 蔡春美,洪福财,邱琼慧,等.幼儿行为观察与记录[M].上海:华东师范大学出版社,2013.
② 李晓巍.幼儿行为观察与案例[M].上海:华东师范大学出版社,2016.

观察者在采用时间取样法对目标幼儿进行观察记录之前,要对幼儿的姓名、性别、编号、年龄和观察日期等基本情况进行详细记录,为今后整理班级幼儿成长资料提供便利,也为观察记录的分析提供背景信息。

案例5-3　依依玩游戏

幼儿姓名:依依　　　　　　　　　　　　性　　别:女

年　　龄:4岁10个月　　　　　　　　　观察日期:2015年12月23日

开始时间:9:00　　　　　　　　　　　结束时间:9:10

地　　点:积木区

观察目标:观察依依在游戏中的社会地位

观　察　者:张玲

(二) 记录客观事实

观察者在采用时间取样法对目标幼儿的行为进行观察记录时,为了保证观察的有效性和准确性,观察者需要预先对所要观察的目标进行分类。在确定行为类别的过程中,观察者要遵循互斥性和详尽性原则。比如,帕顿根据幼儿在游戏中行为的社会参与性,将幼儿的游戏状态划分为六大类别:无所事事、旁观、单独游戏、平行游戏、联合游戏与合作游戏。这样的分类就符合上述两个原则。

其次,观察者在确定了目标行为的类别之后,就要对各行为类别下操作性定义。操作性定义就是将必须观察或者测查的行为做出清楚、详尽的说明和规定,确定观测指标。清楚、详尽的操作性定义可以让从事同一个观察计划的不同观察者使用同一个行为标准对幼儿的目标行为进行观察,从而提高观察的信度和效度。同时,明确的操作性定义也可以让阅读观察记录的人了解行为标准,从而为资料的再分析提供便利。

然后,在采用时间取样法进行观察记录之前,观察者还要根据观察目标和自身需要,确定观察时长、间隔时间和观察次数。其中,观察时长是指每次观察所要持续的时间。时距的长度取决于目标行为发生的频率、行为的持续时间和行为的复杂程度。间隔时间是指时距与时距之间间隔的时间。间隔时间的长度取决于观察时距的长度、观察对象的数目,以及所要记录细节的多少。如果观察的时长较长,观察的对象较多,而且观察者所要观察记录的细节较多,间隔时间就要相应增长;反之,间隔时间应相应缩短,甚至可以不设置间隔时间。观察次数的多少主要取决于观察多久才能获得有代表性的数据。一般来说,当观察者对观察行为比较陌生或者所观察的目标行为变化较大时,观察次数需要适当增多;反之,当观察者对观察行为比较了解或者所观察的目标行为变化较小时,观察次数可以适当减少。

此外,观察者在采用时间取样法对目标幼儿的行为进行观察记录时,还要预先根据观察目标和实际需求,制定系统的观察记录表。在观察记录表中,观察者除了要对观察地点、观察开始与结束时间、观察者的基本信息进行记录之外,还要对行为类别、目标行为出现的次数和目标行为持续的时间等进行记录。观察者所制定的观察记录表需要具有简单、清楚和直观的特点,从而保证在观察中能够比较方便、快速地对幼儿目标行为进行记录。另外,观察者在制定观察记录表时,还要考虑到自己的时间和能力,如果预计时间太长,观察次数太多,而间隔时间又相对较短,一方面可能会导致自己过于疲惫,另一方面可能也会影响观察结果的准确性。

为了使观察者能够快速、方便地对所观察到的幼儿目标行为类别、出现次数和持续时间进行记录,观察者可以在记录中采用统一的编码、符号和标识进行标注。这就要求观察者在采用时间取样法对目标幼儿进行观察之前,预先设计好各部分的编码和标识,并对其做出简单的说明和记录。时间取样法的记录形式有两种:一种是查核记号,打"√",记录行为出现;另一种称为计数记号,画记"////"等,记录在限定的时间间隔内,行为出现的次数或频率。例如,可以运用时间取样法研究较小幼儿的依赖性,观察记录在3分钟时间间隔中发生的所有依赖的(包括寻求爱护、要求帮助、跟随成人等)、独立的或独自游戏的行为次数。如果一个幼儿在3分钟时间间隔里向教师寻求爱护5次,那么就在依赖性行为的"寻求爱护"这一栏中填上"〣〣",表明行为的频率或经常性[①]。

另外,观察者可以在观察记录表中加入"备注",用于记录与前面事件无关,但是对结果有影响的事件。由于时间取样法只记录目标行为产生的次数和持续的时间等,而不记录具体的行为表现和行为产生的背景。为了使观察记录更加丰富和翔实,观察者可以将时间取样法与描述观察法相结合。同样,关于目标行为的具体描述,观察者可以在"备注"部分记录。

(三)分析行为表现

观察者在采用时间取样对幼儿的目标行为进行详细观察和记录之后,还需要根据观察目标,对幼儿的行为表现和发展状况进行分析。由于时间取样法可以在短时间内收集大量的资料,所以观察者可以通过对观察记录的分析,了解幼儿目标行为出现的频率、持续的时间和幼儿行为表现中存在的问题等。

仍以案例5-3"依依玩游戏"为例,观察者可以通过时间取样法的记录结果,分析依依在区域游戏中各个游戏类别分别占用的时间和行为出现的次数(表5-3),从而推断依依主要的游戏类型。同时,观察者也可以根据观察到的具体情景和细节,对依依的游戏参与水平进行分析。

表5-3　时间取样记录表

幼儿行为	9:00—9:01	9:01—9:02	9:02—9:03	9:03—9:04	9:04—9:05	9:05—9:06	9:06—9:07	9:07—9:08	9:08—9:09	9:09—9:10	合计
无所事事											0 s
旁观											0 s
独自游戏			1(30 s)								30 s
平行游戏		1(60 s)			2(30 s,20 s)	1(40 s)					2 min 30 s
联合游戏	1(50 s)		1(30 s)	1(30 s)		1(20 s)	2(30 s,20 s)		2(20 s,30 s)	2(20 s,30 s)	4 min 40 s
合作游戏				1(30 s)				1(40 s)			1 min 10 s

标识:1表示该时距内目标行为出现1次;50 s表示该目标行为持续50秒。

案例5-3(续1)

分析:

依依"联合游戏"的时间最多,共4分40秒;其次是"平行游戏",2分30秒;"独自游戏"与"合作游戏"较少,分别是30秒和1分10秒;"无所事事"和"旁观"并没有出现。可见,依依在区域活动中的游戏行为以"联合游戏"和"平行游戏"为主。

在建筑区游戏过程中,依依与同伴希希一起搭建了一座"楼房"。在此过程中,两人有交谈,也有互借材料的行为出现,但是彼此间分工、合作并不清晰。仅有偶尔几个时间段依依表现出与同伴希希合作的意愿,但这种合作倾向只持续了几秒,并没有长时间地维持下去。

---

① 张燕,邢利娅.学前教育科学研究方法[M].北京:北京师范大学出版社,1999.

（四）评价幼儿行为并提出建议

观察者在采用时间取样法对幼儿的目标行为进行分析之后,还需要对幼儿的行为表现进行评价,并为以后的教学工作提出更有针对性的建议,采取相应的措施。与描述分析法相似,在对幼儿的行为表现进行评价时,观察者可以依据幼儿发展理论及相关知识,对目标幼儿现阶段的发展状况与发展常规模式进行对比,并根据目标幼儿的具体问题,提供适当的帮助。仍以案例5-3"依依玩游戏"为例,观察者继续得出以下评价和建议。

案例5-3（续2）

评价:

中班幼儿依依初步具备与同伴分工合作、共同游戏的意识,这从她几次表现出希望与同伴合作的意愿中便可看出。但依依因缺乏一定的合作技能,几次"合作"都不了了之。

建议:

在游戏过程中我们发现,依依缺乏合作游戏的技能。对此,教师可以通过开展一些主题教学活动,帮助幼儿获得合作的技巧,并让幼儿在合作游戏中获得积极体验。

现在,我们根据时间取样法的四个步骤(选择目标幼儿作为观察对象、记录客观事实、分析行为表现、评价幼儿行为并提出建议),不断完善"依依玩游戏"的观察记录,最终的时间取样法观察记录以表5-4呈现。

表 5-4　"依依玩游戏"观察记录

幼儿姓名:依依	性　　别:女
年　　龄:4岁10个月	观察日期:2015年12月23日
开始时间:9:00	结束时间:9:10
地　　点:积木区	
观察目标:观察依依在游戏中的社会地位	
观 察 者:张玲	

幼儿在游戏中行为的社会参与性分类:
A 无所事事　　B 旁观　　C 独自游戏　　D 平行游戏　　E 联合游戏　　F 合作游戏

操作性定义:

无所事事:幼儿未参加任何游戏活动或社会交往,只是随意观望引起其兴趣的活动。没有可观望的就玩弄自己的身体,走来走去,跟随教师,或站在一边四处张望。

旁观:幼儿基本上是观看别的幼儿游戏,可能和那些幼儿说几句话、问几个问题,或提供某个建议,但不参与游戏。旁观的幼儿始终站在离游戏的幼儿较近的地方,所以可听见他们说话,了解他们玩的情况。与无所事事幼儿的区别是,旁观的幼儿对某一组(或几组)同伴的活动有固定的兴趣,不像前者对所有组均无特别兴趣,一直处于游离状态。

独自游戏:幼儿单独游戏,在近处有其他幼儿在用不同玩具游戏,但幼儿不做任何努力设法接近他人或与别人说话,只专注于自己的活动,不受别人影响。

平行游戏:尽管有别的幼儿在旁边用同样的玩具游戏,幼儿仍单独玩,不影响别人,也不受别人影响。因而,他们只是各自在玩而不是一起玩。

联合游戏:幼儿与其他幼儿一起玩,分享玩具和设备,相互追随,有控制别人的企图,但并不强烈。幼儿们从事相似的活动,但无组织和分工。每个人做自己想做的事,而不首先把兴趣放在小组活动上。

合作游戏:幼儿在为某种目的而组织起来的小组游戏里,如用某种材料编织东西,竞赛,玩正式的游戏等。具有"我们"的概念,知道谁属于哪一组。有1—2个领头者左右着小组活动的方向,所以要求角色分工,并相互帮助,支持这种分工角色的执行。

幼儿行为	9:00—9:01	9:01—9:02	9:02—9:03	9:03—9:04	9:04—9:05	9:05—9:06	9:06—9:07	9:07—9:08	9:08—9:09	9:09—9:10	合计
无所事事											0 s
旁 观											0 s
独自游戏			1(30 s)								30 s
平行游戏		1(60 s)			2(30 s, 20 s)	1(40 s)					2 min 30 s
联合游戏	1(50 s)		1(30 s)	1(30 s)		1(20 s)	2(30 s, 20 s)		2(20 s, 30 s)	2(20 s, 30 s)	4 min 40 s
合作游戏				1(30 s)				1(40 s)			1 min 10 s

标识： 1表示该时距内目标行为出现1次；50 s表示该目标行为持续50秒。

分析：

　　依依进行"联合游戏"的时间最多，共4分40秒；其次是"平行游戏"，2分30秒；"独自游戏"与"合作游戏"的时间较少，分别是30秒和1分10秒；"无所事事"和"旁观"行为并没有出现。可见，依依在区域活动中以"联合游戏"和"平行游戏"为主。

　　在建筑区游戏过程中，依依与同伴希希一起搭建了一座"楼房"。在此过程中，两人有交谈，也有互借材料的行为出现，但是彼此间分工、合作并不清晰。仅有偶尔几个时间段依依表现出与同伴希希合作的意愿，但这种合作行为只持续了几秒，并没有长时间地维持下去。

评价：

　　中班幼儿依依初步具备与同伴分工合作、共同游戏的意识，这从她几次表现出希望与同伴合作的意愿中便可看出。但因为缺乏一定的合作技能，依依几次"合作"都不了了之。

建议：

　　在游戏过程中我们发现，依依缺乏合作游戏的技能。对此，教师可以通过开展一些主题教学活动，帮助幼儿获得合作的技巧，并让幼儿在合作游戏中获得积极体验。

（注：上述观察记录仅是以10分钟内一次观察所得的数据为例，在实际的观察中可以进行多次观察，并综合多次观察的数据撰写观察报告。）

三、时间取样法的优缺点[①]

作为一种常用的观察方法，时间取样法既有着鲜明的优点，也有着自身的不足与局限。

（一）优点

（1）观察前，明确定义行为，提高取得资料的信度。在观察之前，明确了观察的内容和时间，有时还运用事先设计好的编码系统或者表格，大大减少了观察者进行判断和推论时产生的不一致情况，由此提高了观察记录的信度。

（2）可以同时观察多名幼儿。运用事先设计好的表格，可以运用扫描式观察法同时观察多名幼儿，大大提高了观察的效率。

（3）针对同一名幼儿的特定行为可进行多次观察。为了追求观察资料的准确性和全面性，观察者往往可以对目标幼儿的特定行为进行多次重复观察。

（4）有助于观察和记录发生频率高的行为。对于发生频率较高的行为，如果用描述的方法来观察和记录，那么在时间和精力方面都是不可行的。观察和记录目标幼儿的高频率行为，时间取样法更加切实可行。

---

① 孙诚.幼儿行为观察与指导［M］.上海：华东师范大学出版社，2014.

（二）缺点

（1）观察准备工作耗费较多的时间和精力。时间取样法在实施观察之前，需要做很多准备工作，如设计观察程序，编制观察表格，给出操作性定义，甚至是准备好计时工具。因此，观察准备工作会耗费较多的时间和精力。

（2）仅能获得各类行为发生的次数或频率，无法了解行为发生的整个过程。有学者（Brandt，1972）指出，时间取样不具备连贯性，无法捕捉到行为情境的详细资料，因此，常常只能用于测查行为发生的频率。

（3）只能观察到目标幼儿的外显行为，无法了解行为发生背后的原因及因果关系。时间取样所观察的行为往往是较具代表性的外显行为，如攻击性行为、吮吸手指、游戏中的合作等。此外，事先设计的编码符号在使用时，无法捕捉到情境的详细细节、具体行为表现、行为发生的先后顺序、行为如何随时间变化而变化以及行为之间的关系，无法了解行为背后的原因及因果关系。

（4）不适用于观察发生频率低的行为。特定行为的发生频率是一个限制因素，各种行为的表现次数不总是一样，也不是所有行为发生的频率都非常高。如果某个行为每30分钟才发生一次，那么一味地每3分钟甚至更短的时间观察记录一次，这种观察记录便失去了意义。

四、时间取样法的案例呈现

案例5-4 幼儿情绪行为的观察[①]

观察时间：2010年4月28日14：30—14：40
观 察 者：周丹
观察对象：小张（4岁）
观察目标：观察小张午睡后起床穿衣服时的情绪变化
观察记录：

时 间	行 为 表 现
14：30—14：32	听到起床音乐后，他慢慢爬起来，拿起裤子尝试把两只脚都伸进裤管里，但没有成功
14：32—14：34	尝试了几次后，他换了种方法：先把左脚伸进裤管，这次一只脚穿好了，可是另一只脚他怎么也套不进去。他生气地甩了甩另一条裤管，放弃穿裤子，改穿上衣了
14：34—14：36	他拿起枕头边的衣服，把衣服放在面前，把一只手套进袖管里。当他想把另一只手伸进袖管时，却怎么也伸不进
14：36—14：38	他看见大家都穿好衣服了，自己上衣、裤子都没穿好，生气地把衣服扔到了地上，不愿意穿了，并且大哭起来
14：38—14：40	他试图找保育员帮他穿衣服，但是保育员忙着叠被子，没有注意到他的这一举动。他便哭得更大声了，并且在地上打滚。教师看到后教他自己穿衣服，可是他自己不想穿。最后还是教师一边教一边帮他穿上了衣服，而他却边哭边想甩掉衣服

① 侯素雯，林建华.幼儿行为观察与指导这样做［M］.上海：华东师范大学出版社，2014.

案例5-5　幼儿注意力的观察

观察对象：天天（男孩，中班）

观　察　者：尤益

观察时间：2011年4月23日9：35—10：00

观察记录方法：时间取样法

观察记录：

行为表现	举手	发言	离开座位	私语	干扰他人	姿势不端正	发出声音	发呆	其他
9：35—9：40	√	×	×	×	×	×	√	×	×
9：40—9：45	√	×	×	×	×	×	√	×	×
9：45—9：50	√	√	×	×	×	×	√	×	×
9：50—9：55	√	√	×	√	√	×	√	×	×
9：55—10：00	√	×	×	√	×	×	√	×	×

案例5-6　幼儿不专注行为的观察[①]

本案例旨在观察幼儿的单一行为。将行为明确界定后，采用时距取样的方式予以观察并记录。

观察目的：了解幼儿无法专心投入学习活动的原因，以便于研拟辅导策略并提供适当协助

观察主题：幼儿的不专注行为

观察对象：大班30名幼儿（括号内为代号）

1号幼儿（C1）：4岁6个月（4-6）

2号幼儿（C2）：5岁2个月（5-2）

……

30号幼儿（C30）：5岁11个月（5-11）

行为定义：不专注行为包括离开座位从事与主题无关的活动，或是坐在座位上东张西望，或从事与主题不相干的活动

观察工具：自制"幼儿不专注行为观察量表"

观察者角色：参与性观察

观察者： 观察日期：

幼儿代号	时距编号										次数统计	备注
	10：00：20	10：00：40	10：01：00	10：01：20	10：01：40	10：02：00		10：39：20	10：39：40	10：40：00		
1	√											
2		√					（表格向右延续至观察结束的时间）					
3												
4				√			→					
				↓ （表格向下延续至编号30） ↓								
29												
30						→						

观察时间：观察时距为20秒（观察15秒，记录5秒）

观察次数：观察每名幼儿4次

观察期程：10：00—10：40，共40分钟

观察情境：以主题活动时间内的分组活动为主，此段时间内幼儿自行选择想参与的小组活动，发挥创意制作与主题相关的作品。将幼儿内在想法借由作品具体化，并借此丰富主题情境的布置。

分析评定：依据前述观察与记录结果，逐次分析各幼儿不专注行为发生的情形。

· 思政园地 ·

帕顿有关2—5岁幼儿在游戏中社会参与性行为的研究

帕顿是时间取样法最著名的早期研究者之一。1926年10月至1927年6月，他观察了2岁至5岁幼儿在游戏中的社会参与性行为，设计了6种反映幼儿参与社会性集体活动水平的预定类型指导观察，并赋予操作定义，设计了观察记录表。之后，他选择自由游戏时间，每天观察1小时，在规定的游戏时间内依次观察每个幼儿1分钟。依据幼儿社会参与程度和6种游戏类型的操作定义，判断每个幼儿这1分钟的行为属于哪种类型，记入观察记录表，在相应的类型项目内标记号，附带记录幼儿的语言或行为的细节。每个幼儿共计观察60—100分钟。基于这些观察，他得出观察结果：2—5岁学前儿童的社会参与程度随年龄的增长表现出一定的顺序性，即年龄较小的幼儿往往喜欢单独游戏，随着年龄的增长逐渐发展到平行游戏，再发展到社会化程度较高的联合游戏与合作游戏。

帕顿的这一研究为幼儿发展的经典研究，其研究结论被验证，研究方法被模仿，研究词汇被采纳。请仔细阅读以上研究过程，感受百年前研究者的科研精神，并思考对你进行幼儿行为观察带来的启发。

岗课赛证

一、辨析题

1. 告状、同伴冲突、助人、安慰、合作等行为，适宜采用事件取样法进行观察。

2. 相对于事件取样观察，时间取样更有助于分析幼儿行为的因果关系。

3. 不论是事件取样，还是时间取样，它们均具有信息聚焦、获得样本具有代表性的特点。

二、简答题

1. 事件取样观察的实施步骤是什么？

2. 时间取样法的特点是什么？

3. 什么是操作性定义？

三、实训题

1. 阅读本章"思政园地"内容，结合描述，为帕顿的这一研究设计一份时间取样观察表。

2. 围绕幼儿"同伴冲突"或者"助人"或者"合作"，为这一行为下操作性定义，并设计一份事件取样观察记录表。

3. 就幼儿"饮食行为"或者"提问行为"，为这一行为下操作性定义，并设计一份时间取样观察记录表。

拓展阅读

1. 邓进红,李祥,刘莉.幼儿告状情境下师幼互动行为分析及其教育价值审视[J].学前教育研究,2021(06):58—69.

2. 魏丹,刘晶波.5～6岁大班幼儿同伴互动中的拒绝行为研究[J].早期教育(教科研版),2017(04):43—46.

3. 杨志娟.幼儿问题行为类型差异的观察研究[J].早期教育,2021(Z4):51—54.

第六章

评定观察的解读与案例

章节导入

李老师今年第一次担任主班教师，平常的工作让她忙得不可开交。近期的一次教研会议中，年级组长要求教师们深入了解班上的幼儿，多做一些观察记录，增强对幼儿教育指导的针对性。李老师很苦恼，完成日常的教育教学任务已经很忙了，哪里还有时间去做观察记录呢？要是整天拿着本子记这个、记那个，会不会影响教育教学呢？更别提把每个幼儿都记录到了。回教室的路上，同行的王老师看见李老师愁眉不展，就关心地询问。了解了前因后果之后，王老师笑着让李老师不要着急，她知道一些简便易行的观察方法可以方便记录。回到教室后，王老师拿出自己的一沓观察记录资料，李老师一看，上面都是一些表格，表格中罗列着幼儿的种种行为表现。观察者只需要在对应的格子中打分或做出标记即可，使用起来既方便又节约时间。接着，王老师向李老师详细介绍了评定观察法。

评定观察法是一种量化的观察方法，它使用起来简单、方便，能够直接反映出幼儿在日常生活中的行为表现。观察者可以通过评定观察法，将幼儿的行为与发展常模进行比较，全面了解幼儿身心发展的特点，从而进一步指导教学实践[①]。评定观察法主要包括行为检核法和等级评定法。

学习要点

1. 了解行为检核法和等级评定法的内涵。
2. 理解行为检核法和等级评定法的优缺点。
3. 知道两种评定观察法的应用过程，能编制简单的行为检核表和等级评定表。

第一节　行为检核法的解读与案例

一、行为检核法的内涵

行为检核法，又称清单法、检测表单法等，指观察者依据一定的观察目的，事先拟定所需要观察的项目，并将它们排列成清单式的表格，然后通过观察，根据检核表内容逐一检视幼儿行为出现与否的一

---

① 李晓巍.幼儿行为观察与案例[M].上海：华东师范大学出版社，2016.

种观察与记录方法。

一般来说，行为检核法的记录方式是二选一，也就是使用"有"或"无"、"是"或"否"来进行记录。例如，表6-1是一份小班幼儿语言能力发展检核表，表中列出了8个项目，代表3—4岁幼儿应该能达到的语言发展水平，由观察者进行观察并记录。如果幼儿的行为符合项目的描述，就在表格中相应的栏内打钩，最后计算得分以评价幼儿语言能力的发展状况。

表6-1　3—4岁幼儿语言能力发展检核表 [①]

幼儿姓名： 年龄： 性别：	观察地点： 观察日期： 观察者：	
项　　目	是	否
1. 别人对自己说话时能注意听，并做出回应		
2. 能听懂日常对话		
3. 愿意在熟悉的人面前说话，能大方地与人打招呼		
4. 基本会说本民族的语言或本地区的方言		
5. 愿意表达自己的需要和想法，必要时能配以肢体动作		
6. 能口齿清楚地唱儿歌、童谣或说简短的故事		
7. 与别人讲话时知道并能做到眼睛看着对方		
8. 说话自然、声音大小适中，并能在成人的提醒下使用恰当的礼貌用语		

通过上述例子我们可以发现，行为检核法只是记录所要观察的行为是否出现，并没有对行为的具体表现进行描述，所以行为检核法是一种能够检测目标行为是否出现的观察方法，具有较强的封闭性。同时，行为检核法的选择性高，观察者可以根据自己的观察目标和需要事先对所要观察的各行为项目进行界定，熟悉并理解各项目，然后根据所列出的行为检核幼儿是否存在这样的行为。

另外，虽然观察者在观察前已经对行为项目进行了界定，但是某些项目仍需要观察者结合日常观察做出判断。例如，"爱惜与他人共同完成的作品"这样一个项目描述，就需要观察者对这一行为进行明确界定。"轻拿轻放作品"就可以算作"是"，还是"小心保存作品"才能算"是"，这需要观察者结合幼儿的日常行为做出判断。

此外，行为检核法除了可以记录幼儿个体的行为表现，也可以记录幼儿群体某方面的表现。比如下面列出的"斯密兰斯基社会性主题角色游戏量表"（见表6-2），可以帮助观察者记录幼儿进行社会性主题角色游戏的表现，从而了解班级幼儿社会性游戏能力发展的大致水平，同时也可以查看每个幼儿的具体情况，从而进一步指导教育教学工作。

---

① 李晓巍.幼儿行为观察与案例［M］.上海：华东师范大学出版社，2016.

表6-2 斯密兰斯基社会性主题角色游戏量表 [1]

幼儿编号	角色扮演	想象的转换			社会互动	语言沟通		持续性	备 注
		材料	动作	情境		无交际	假装的角色沟通		
1	√		√	√	√			√	
2		√	√				√		
3	√	√	√		√				
4		√			√			√	
5	√		√	√		√		√	

二、行为检核法的实施 [2]

使用行为检核法的关键环节是观察者需要在使用前制订比较周密而详细的计划,而计划的核心是对所观察的行为进行具体的界定,形成一份可参考的行为检核表。因为观察者使用行为检核法是为了检核目标行为是否出现,所以事先清晰地列出所需要观察的行为是十分必要的步骤。在制作行为检核表时,可以按照以下5个步骤进行。

(一)确定观察目标,列出重要项目

确定观察目标是进行观察的首要程序,观察者需要确定自己的观察目标是什么,希望了解幼儿哪方面的行为表现,然后围绕观察目标,确定观察的重要项目。

例如,左老师新接手中三班,为了更好地教学,她需要了解本班幼儿各方面的情况,其中包括对于幼儿数学能力的了解。左老师思考以后采用了行为检核的方法。她首先对5岁幼儿可以达到的数学能力进行了分析,并列出了她认为重要的项目:

① 认识圆形、三角形、正方形、长方形;
② 知道圆形、三角形、正方形、长方形的正确名称;
③ 能从1数到10;
④ 能一对一地对应,并对应到10;
⑤ 有大小、长短的概念;
⑥ 知道首先的、中间的以及最后的;
⑦ 了解"较多""较少"的意义。

(二)列出目标行为

在列出这些重要的项目之后,接下来的工作是对这些项目逐一分项列出目标行为。上例中的第一项是"认识圆形、三角形、正方形、长方形",其意思是只要求幼儿能认出这些形状就可以了,不需要说出这些形状的名称。左老师于是设计了以下的内容:

当教师说出下列形状的名称时,幼儿能否把形状挑出来?

	是	否
圆形	□	□
正方形	□	□
三角形	□	□
长方形	□	□

① 刘焱.幼儿园游戏与指导[M].北京:高等教育出版社,2012.
② 施燕,韩春红.学前儿童行为观察[M].上海:华东师范大学出版社,2011.

这些内容就是针对第一条"认识圆形、三角形、正方形、长方形"而列出的目标行为，也就是观察者希望了解幼儿能否知道什么是圆形、三角形、正方形、长方形。如果幼儿能够在教师说出这些形状的名称后找出相应的形状，就说明该幼儿是认识这些形状的。这样能方便观察所检核的行为是否出现，当每一个项目都完成这样的工作之后，这一步就完成了。

（三）依照逻辑组织目标行为

将目标行为进行细化后，需要按照逻辑将细化后的行为进行整理。观察者可以按照自身习惯、观察计划、幼儿活动时的场地顺序、活动开始的时间顺序或者行为的难易程度等多种原则，对项目进行排列。在左老师的"5岁幼儿数学能力检核表1"（见表6-3）中，是按照行为的难易程度进行排列的。

表6-3　5岁幼儿数学能力检核表1

题　　项
1. 当教师说出下列形状的名称时，能把形状挑出来
圆形
正方形
三角形
长方形
2. 能从1数到10
3. 能正确说出下列形状的名称
圆形
正方形
三角形
长方形
4. 对下列关系能够了解
大于
小于
长于
短于
5. 能进行一一对应
2个物体
3个物体
5个物体
10个物体
多于十个物体
6. 能理解下列概念的指示
第一
中间
最后

题　　项
7. 能理解下列概念的指示
多于
少于

（四）根据观察目的设计记录表

每位观察者在进行观察记录时都会有自己的观察目的,所以在设计检核表时,可以将这些观察目的包含在检核表里。在对5岁幼儿数学能力检核的观察活动中,左老师的观察目的有两个方面:一是在幼儿进入中班时,是否具有这些能力;二是观察记录该能力出现的时间。

为了达到第二个目的,左老师除了需要在表格中加上幼儿的姓名以外,还需要加上幼儿的年龄、性别、日期等信息,并在检核表的右侧加上一个项目——"如果为否的话,记第一次出现的时间"(见表6-4)。这样就可以知道幼儿未达到的能力,在学期结束时还可以查看个别幼儿或团体出现这些行为的顺序及时间。

表6-4　5岁幼儿数学能力检核表2

幼儿姓名:　　　　　年龄:　　　　　　　性别:　　　　　　　日期:

题　　项	是	否	如果为否的话,记第一次出现的时间
1. 当教师说出下列形状的名称时,能把形状挑出来			
圆形			
正方形			
三角形			
长方形			
2. 能从1数到10			
3. 能正确说出下列形状的名称			
圆形			
正方形			
三角形			
长方形			
4. 对下列关系能够了解			
大于			
小于			
长于			
短于			
5. 能进行一一对应			
2个物体			

题　项	是	否	如果为否的话,记第一次出现的时间
3个物体			
5个物体			
10个物体			
多于十个物体			
6. 能理解下列概念的指示			
第一			
中间			
最后			
7. 能理解下列概念的指示			
多于			
少于			

（五）完善观察记录表格

行为检核法一般有两部分内容。第一部分是静态描述项目,指观察对象及情境中具有稳定特性的项目,如年龄、性别、家庭、社会地位、经济水平、物理环境的特点等,这些项目不受时间和情境的限制。第二部分是活动式检核项目,这里的活动指的就是行为,也就是观察的重点。在观察时段内记录特定行为的出现。有一份列有行为项目的表格,只要学前儿童在观察时段内出现这些行为,项目观察者就在表格上做记录。

三、行为检核法的优缺点①

（一）优点

（1）行为检核法具有简单、方便使用的特点,是一种常用的观察方法。在制定了完整的行为检核表之后,观察者能够随时随地、快速有效地记录目标行为是否出现,并对目标行为做出评估。另外,行为检核法应用广泛,适用于观察幼儿的认知发展、社会性发展和动作技能发展等不同领域的发展状况,并且没有观察时间的限制,观察者在户外活动、区域活动或者集体活动等任意环节都可以使用（如表6-5）。

表6-5　中班幼儿区角活动检核表②

幼儿代号	拼图	沙箱	排排队	穿线画图	树枝画	科学玩具	黑白棋	装扮游戏	建构游戏	团体活动	自然角	图书角	备注
1	√		√	√	√			√		√			
2		√	√	○			√	√		√		√	
3													病假
4		√	√			√		○		√			

① 李晓巍.幼儿行为观察与案例［M］.上海：华东师范大学出版社,2016.
② 施燕,韩春红.学前儿童行为观察［M］.上海：华东师范大学出版社,2011.

续 表

幼儿代号	拼图	沙箱	排排队	穿线画图	树枝画	科学玩具	黑白棋	装扮游戏	建构游戏	团体活动	自然角	图书角	备 注
5	√			√	√				○	√	√		
6	√	√				√			√				不愿意参加集体活动
7			√				○	√	√				
8	√			○	√	√				√		√	
9	√	√	√	√	√		√		√		√		
10						√		○	√	√	√		
11				○	√					√		√	
12	√	√					√		√				
13		√	√				√		√				
14	√	√	√							√			
15	√				√		√			√			
16			√			√		√	√			○	今天没有哭
17		√		√			√		√	√	√	√	
18	○		√		√			√	√			√	

可以明显看出,以上检核表有三项功能:一是记录每天的活动,因为可以每天使用一份检核表;二是能提供幼儿参与不同区角活动的信息;三是有助于制订课程计划。可以从表格中看出幼儿最常参与的活动是什么,不喜欢的活动是什么,据此调整活动内容和材料。表格中记录了幼儿某一天在区角活动的情况;还可以利用这份表格,观察幼儿一周甚至更久的时间,看看每个幼儿的具体情况。例如,第12号幼儿在这一天内没有参与任何艺术活动,那就继续观察在一周的时间内他有没有参加。如果之后几天他都没有参加艺术活动,教师就要决定是鼓励他参与,还是要探讨他不参与的原因了。

(2)行为检核法的观察结果便于观察者进行量化处理,并且能够进行多元运用。由于行为检核法所得到的资料本身量化程度较高,所以在统计分析时不需要进行转化就可以直接计算,这在一定程度上节省了观察者的精力和时间。

(3)行为检核法可与其他方法结合使用。由于行为检核表的使用范围比较广泛,观察者可以把它作为一个初步观察的方法,从中发现和选取有意义的行为,再使用其他方法进行深入、细致的观察。

(二)缺点

(1)行为检核法最主要的缺点是不能对幼儿的行为进行详细记录。观察者只是记录了某个行为是否发生,并没有记录行为发生的前因后果、具体发生时间和情境、持续时间和程度等信息,这可能会影响观察者对幼儿行为的解读。

(2)行为检核表的编制容易存在不完善的问题。行为检核法是观察者事先将幼儿可能出现的行为编制成行为检核表进行观察,但幼儿的行为难以被全部预测。当幼儿出现了非预测性的行为时,观察者可能会产生困惑,不知道是否应该记录这一行为,从而影响对幼儿行为的观察,也可能造成记录的不准确。

(3)行为检核法的使用对于观察者自身的要求比较高。观察者要熟悉并清晰界定检核表中所有的行为项目,才能确保记录的有效性。但是对于行为的判定非常容易带有主观性,可能造成记录结果的信度出现问题。在观察整群幼儿时,则需要兼顾每一个幼儿,但一个人的精力毕竟有限,因此可能会造成观察记录的遗漏,直接影响观察结果。

四、行为检核法的案例呈现

案例6-1　幼儿社会性游戏行为检核[①]

幼儿社会性游戏行为检核			
幼儿姓名：莱莱　　　性别：男　　　　年龄：5岁8个月　　　编号：18 观察时间：2016年5月16日　　　　观察地点：中二班　　　观察者：王老师			
项　　　目		是	否
手足概况	兄	√	
	弟		√
	姐		√
	妹		√
主要照顾者	父	√	
	母	√	
	(外)祖父母		√
	保姆或其他		√
1. 是否愿意看别人玩游戏?			√
2. 是否用自己的玩具或材料独自玩游戏?			√
3. 是否用和他人相似的玩具或材料进行平行游戏?			√
4. 是否在小组游戏中与其他幼儿玩耍?		√	
5. 能否与其他幼儿交朋友?		√	
6. 能否用积极的方式参与到正在进行的游戏中?		√	
积极参与到正在进行的游戏的方式	(1) 观察小组游戏,了解他们在玩什么	√	
	(2) 选择一个与小组游戏相同的内容		√
	(3) 为游戏的进行做些事情		√
	(4) 表现出对游戏很感兴趣,在周围走动	√	
	(5) 再次询问是否可以参加游戏	√	
7. 能否用积极的方式在游戏中扮演自己的角色?		√	
积极扮演角色的方式	(1) 保持和他人交谈	√	
	(2) 在说话时保持眼神接触	√	
	(3) 在听他人说话时,能专注并看着对方	√	
	(4) 为了让他人理解,能调整谈话内容		√

---

① 李晓巍.幼儿行为观察与案例[M].上海：华东师范大学出版社,2016.

续　表

项　　目	是	否
8. 能否用积极的方式解决游戏过程中出现的冲突？	√	

	项目	是	否
自己解决冲突的方式	（1）忽视		√
	（2）转移注意		√
	（3）说理		√
	（4）协商	√	
	（5）合作	√	
	（6）让步	√	

说明：（1）该行为检核表用于对幼儿社会性游戏的观察；
　　　　（2）每个幼儿一份表格，逐条检查并评定

分析：
　　在社会性游戏方面，菜菜没有停留在旁观、独自游戏和平行游戏的阶段，他已经能很好地参与其他幼儿的小组游戏活动，与同伴进行合作游戏。为了参与到正在进行的游戏中，菜菜首先会观察小组游戏，了解他们在做什么，然后在周围走动，当小组幼儿需要帮助的时候，菜菜会主动伸出援手。比如，他会帮助在积木区搭建城堡的幼儿寻找合适的积木。在询问能否加入游戏并得到允许之后，菜菜会迅速地投入小组游戏中，保持与其他幼儿的交谈，并努力让别人听懂自己的话。当小组游戏出现冲突时，菜菜会采取协商、合作和让步的方式来解决冲突。综上，与其他幼儿相比，菜菜的社会性游戏水平较高。

第二节　等级评定法的解读与案例

一、等级评定法的内涵

　　如果我们想要了解幼儿的某种行为有无发生，运用行为检核法是十分合适的。但是在很多情况下，观察者并不仅仅想要了解行为是否发生，他们还想要了解该行为发生的程度、频率如何。为细致地了解这些情况，就需要运用等级评定的方法。等级评定法是指观察者在对幼儿进行观察后，对其行为表现所达到的水平进行评定，并对其行为的质量高低进行量化判断的一种方法。等级评定法一般是观察者在观察之后根据回忆进行记录，它不是一种直接的观察方法，严格地说更像一种评估方法，如表6-6。

表6-6　唐氏综合征儿童生活适应能力观察记录表[1]

指　标	行　为　表　现	达成度			
		4	3	2	1
生活自理能力	1. 能自己用餐				
	2. 如厕时，能够自己脱、穿裤子				
	3. 能够自己洗澡、刷牙、洗脸，并收拾用具				
	4. 能够收拾自己的书籍、玩具				
	5. 会按交通信号灯指示通过马路				

[1]　孙诚.幼儿行为观察与指导［M］.长春：东北师范大学出版社，2014.

指　标	行　为　表　现	达 成 度			
		4	3	2	1
认知动作能力	1. 能够握笔写字或画图				
	2. 能够跳跃,且平稳着地				
	3. 能够翻滚				
	4. 能够模仿做简易体操				
	5. 会骑单轮自行车				
注意力	1. 教师点名或者家人召唤时会立即应答				
	2. 能用眼睛看着与其说话的人				
	3. 能对自己喜欢及选择的事物,维持至少15分钟的注意力				
	4. 对教师引导的活动维持至少10分钟的注意力				
记忆力	1. 能正确称呼家人				
	2. 能指认身体各部位名称				
	3. 记得自己的物品				
	4. 能自动说出已学过的东西				
	5. 能说出自己家的地址和电话号码				
语言表达	1. 能及时说出自己的生理需求				
	2. 能完整地说出一句话				
	3. 能清楚地表达自己的情绪				
	4. 能有效回答别人的问题				
	5. 会看图说话				

注：4——做得非常好；3——大部分做到；2——很少做到；1——无法做到。

从表6-6可以看出，等级评定法与前面所述方法最大的不同是其不需要进行现场直接观察与记录，而是事后根据观察者对被观察者行为的记忆进行记录。所以，等级评定法往往不被看成一种直接的观察方法。但是，其又是能快速、方便地概括出观察对象的一种途径，在观察活动中运用较多。例如，在幼儿园领域评估中常常用到的一些评估量表便是等级评定表，在幼儿心理发展方面常常用等级评定量表来了解幼儿的注意互动类型、幼儿的认知和人格等。

二、等级评定法的类型[①]

（一）数字等级量表[②]

数字等级量表是使用定义好的序列数字来表示被观察者某一行为的不同程度或类型，观察者根据观察结果选择与幼儿行为最匹配的数字进行记录。数字等级量表常常采用三点、五点或七点计分的方式。比如，三点量表是从1到3或0到2这几个数字来表示行为的三种等级；五点量表就是用1到5或0到4这几个数字来表示行为的五种等级。表6-7是研究幼儿依赖性行为的例子，运用了五点量表。

① 李晓巍.幼儿行为观察与案例［M］.上海：华东师范大学出版社,2016.
② 施燕,韩春红.学前儿童行为观察［M］.上海：华东师范大学出版社,2011.

表6-7 幼儿依赖性行为观察评定量表

维 度	操 作 定 义	等 级
1. 要求权威者的承认	常向教师询问"这样好不好",始终按照教师的要求去做	5 4 3 2 1
2. 身体靠近或接触	常喜欢站在教师身旁或依偎着教师的身体,和同伴朋友也时常拥靠	5 4 3 2 1
3. 求他人帮助	积极求人帮助,自己会做的事也要求人帮助,常哭泣	5 4 3 2 1
4. 求他人支配	常问别人怎么去做,按照别人的话去做	5 4 3 2 1
5. 模仿他人的行为或作品	模仿长辈或群体中最有影响的人物的言行,模仿别人涂画作品	5 4 3 2 1
6. 讨好别人	别人叫他做什么,就很快很乐意去做,别人要借什么就立刻出借	5 4 3 2 1

注:5——极多见;4——常可见;3——普遍;2——不常见;1——极少见。

（二）图形量表

图形量表是用一条横线来表示一个行为的程度,在横线上从左到右依次表示行为表现由低到高或由高至低的不同程度,与数轴有些类似。图形量表最大的优点在于直观性,观察者可以根据幼儿的实际表现,选择与幼儿行为表现相符的描述,如以下关于幼儿之间交往情况的图形量表。

分享玩具：| | | | |
           总是   常常   一般   较少   从不

观察者在观察到幼儿的交往行为后,迅速做出评估,在图形量表上五种等级中选择一个合适的打上"√"或做其他记号。

图形量表还有另外一种形式,称为语义区分量表。它使用两个语义相反的形容词,作为横线的两端,中间分成几个等级,要求观察者根据幼儿的行为做出判断。表6-8是一份幼儿交往行为评定量表,使用了七点计分。

表6-8 幼儿交往行为评定量表

交往行为	1 2 3 4 5 6 7	交往行为
主动的 友好的 大方的		被动的 敌意的 自私的

观察者在观察到幼儿交往行为后,迅速做出评估,在图形量表上"主动—被动"之间7个等级中选择一个合适的数字打上"√"或做其他记号。

（三）标准化量表

标准化量表是呈现一组标准,让观察者、评定者去判断幼儿的行为表现属于哪一个群体。该量表将观察对象的行为与总体做比较,以标准分数或百分数等相对分数加以评价判断。表6-9是幼儿语言表达能力的评价表,教师可以按照"优秀""良好""中等""差"四个等级对幼儿的语言表达能力进行评价。

表6-9 幼儿语言发展水平评价量表

项 目	优秀	良好	中等	差
别人说话时能注意听,并做出适宜的回应				
能够大方地与他人交流				

续　表

项　目	优秀	良好	中等	差
能够运用多种方式表达自己的想法与需要				
说出的话可以被他人理解				
能够主动邀请他人，如"我们一起玩过家家的游戏吧"				
能够对他人的行为做出简单的评价				

教师在评定幼儿语言发展水平时，可以将其与相应的群体相比较而做出判断，在某个等级中选择一个打上"√"或做其他记号。

（四）累计点数量表

累计点数量表是观察者先对幼儿的行为进行评分，然后将各项分数相加得到总分（如果是负向描述，则相减），以此来评定幼儿的行为。量表中每个项目的计分可以采用0或1的计分方式，在计算得分时，先核查A行行为得分和B行行为得分，由于A行是正向描述而B行是负向描述，所以总分就是A行总分减去B行总分（见表6-10）。

表6-10　幼儿行为表现累计点数表

A　行	得分	B　行	得分
能与同伴合作		总是以自己为中心	
能主动与同伴交往		总是等待别人和他说话	
能和同伴分享玩具		总是独享玩具	
对人友善		总是充满敌意	
……		……	

（五）强迫选择量表

观察者运用强迫选择量表时，不管题项中是否具有完全符合幼儿行为的选项，都需要在一系列描述性短语中选择最符合被观察者行为表现的一项描述。这就需要量表给出的一系列描述尽可能包括不同程度的情况，观察者需要在这些描述中选出与幼儿行为表现最接近的一项，并且只能选择一项。比如：

请您评定幼儿收拾玩具的行为。（　　　）

A. 拒绝收拾玩具

B. 在教师的要求下收拾好玩具

C. 自觉收拾好自己的玩具

D. 不但收拾好自己的玩具，还帮助其他幼儿收拾玩具

三、等级评定法的实施[①]

（一）选取适宜的等级评定量表

使用等级评定法时，首先需要根据观察目标选取合适的等级评定量表。相关领域的研究中有一些成型的量表，它们经过研究者们多次使用和修订，不断得到改进和完善。观察者在使用等级评定法时应

[①]　李晓巍.幼儿行为观察与案例［M］.上海：华东师范大学出版社，2016.

该尽量查找并采用一些通用的、具有一定权威性的量表,这样既可以帮助观察者获得大量有效的观察信息,又可以减少前期准备工作,缓解观察者的工作压力。表6-11呈现了一些应用比较广泛的量表,希望能为观察者提供一些参考和帮助。

表6-11 具有权威性的等级评定量表统计表

量表名称	适用儿童	维　度	查找来源
(学前)儿童观察记录(COR)	2.5—6岁儿童	主动性、社会关系、创造性表征、运动和音乐、语言和阅读、数学和科学	霍力岩,陈雅川,周彬.美国学前儿童观察记录系统的评价内容、实施方法与借鉴意义[J].中国特殊教育,2015(1):63—67.
Achenbach儿童行为量表	4—16岁儿童评估的家长使用手册 2—3岁幼儿的行为量表	情绪、行为、性格、思维、注意力等	百度文库
Conners儿童行为问卷	3—16岁儿童	品行行为、多动、不注意、被动和多动指数	百度文库
儿童自我控制教师评定量表	3—5岁儿童	自觉性、坚持性、冲动、抑制性和自我延迟满足	戴晓阳.常用心理评估量表手册[M].北京:人民军医出版社,2010.

(二)设计等级评定量表

由于观察目的或研究目的的不同,有时在已有量表中难以选到合适的量表,这时就需要自行设计适合自身观察需要的量表。在行为检核法中提到的一些编制检核表的方法同样适用于等级评定法中量表的编制。但等级评定法与行为检核法仍存在一定差异,在编制过程中观察者还需要注意以下两点。

1. 确定等级标准

等级评定法需要确定的是行为出现的频率和程度,因此确定等级标准是运用等级评定法的关键所在。一般而言,等级评定法有四个或以上的等级,观察者可以依据观察目标,从行为发生的频率(总是、经常、偶尔、极少、从不)或是从行为发生的程度(优、良、中、差)方面来制定等级标准。在确定了使用何种等级标准之后,还需要进一步界定各等级的具体标准,如在表6-12中幼儿的行为被分为优、良、中、差和极差五个等级。以中班为例,怎样的表现才能算"优",观察者可以《指南》中4—5岁幼儿的年龄特点作为常模来进行判断。

表6-12 幼儿生活习惯与生活能力等级评定表

幼儿姓名:　　　　性　别:　　　　年　龄:　　　　编号:　　　　观察时间:　　　　观察地点:　　　　观察者:					
行　为　表　现	优	良	中	差	极差
与同龄幼儿相比,此幼儿的自我保护能力					
与同龄幼儿相比,此幼儿的生活自理能力					
与同龄幼儿相比,此幼儿的卫生习惯					
……					

2. 注意量表中的语言运用

在量表中,不恰当的行为描述会影响评定的整体效果。所以,量表制作者需要确保量表题目对于行为的描述是准确的,并且尽量使用简洁的语言进行描述。如,幼儿饮食行为等级评定量表中的行为描述"安静等待吃饭""掌握正确的就餐姿势""自觉快速吃完饭"等,语句简单又明了,让人一目了然。除此之外,在量表中尽量避免使用模糊的词汇,如"平均""很""还可以"等,应多用中性词;对于行为的形容避免涉及价值判断,影响观察者的评定。

（三）注意事项①

（1）注意避免成见效应。针对评定法会带偏见或成见,克服的办法是要求在实地观察的基础上做出评定。

（2）进行必要的重复评定。可以在规定的时间期限内,在不同的时间做多次观察评定,最后求出平均值;或由多个评定者做判断,进而计算平均值。

（3）对评定等级尽可能拟定具体标准。如对表明评定等级的数字或词语应附有意义说明,降低术语的模糊性。

（4）量表要能够全面真实地反映观察对象的实际情况,在经过反复试用和多次修订后才正式使用。

四、等级评定法的优缺点②

（一）优点

（1）等级评定法具有简单、方便的特点。与行为检核法相似,等级评定法是由观察者事先准备好对幼儿行为的一系列描述,在观察记录时只需要做简单的标记,有效避免了记录文字的麻烦,便于填写（见表6-13）。另外,由于采用固定的等级进行记录,在后续分析时可以直接采取量化的方法,对于观察者来说操作更加方便。

（2）等级评定法的使用范围较广。它适用于对幼儿各个方面的行为表现进行观察记录,在幼儿一日生活的各个环节以及家庭的日常生活中体现的幼儿认知、动作、社交等方面的发展状况,都可以使用这种方法进行评估。

（3）等级评定法可以帮助观察者发现幼儿的个体差异。等级评定法的运用需要观察者在观察后对每个幼儿的行为表现进行等级评定,在评定的过程中,观察者可以掌握每一个幼儿的情况。在分析观察结果时,观察者可以发现幼儿的个体差异,从而能够更好地根据每一个幼儿不同的身心发展特征开展教育教学活动,做到因材施教。

表6-13　幼儿区角活动评定表③

幼儿姓名:_____　性别:_____　记录者:_____　观察日期:_____

类　别	项　　目	经常	偶尔	很少	从未
自主性	1. 能独立完成一项活动				
	2. 会主动选择活动				
	3. 能主动收拾玩具				
	4. 分享活动时能主动提出自己的看法				
注意力	1. 喜欢逗留该区达10分钟以上				
	2. 认真思考解决问题				
	3. 不受环境影响改变活动				

---

①　张燕,邢利娅.学前教育科学研究方法［M］.北京:北京师范大学出版社,1999.
②　李晓巍.幼儿行为观察与案例［M］.上海:华东师范大学出版社,2016.
③　施燕,韩春红.学前儿童行为观察［M］.上海:华东师范大学出版社,2011.

类　别	项　目	经常	偶尔	很少	从未
合作性	1. 能与同伴交谈				
	2. 能与同伴合作完成一项工作				
	3. 遵守集体游戏规则				
	4. 会轮流使用活动材料				
创造性	1. 会利用不同的材料做整体的造型				
	2. 能简述其作品造型的意义				
	3. 能提出解决问题的方法				
	4. 能提供不同的答案				

（二）缺点

（1）观察者的主观评定容易造成评定结果失之偏颇。等级评定法是观察者对幼儿的行为表现进行判断的方法，这种判断容易带有观察者本人的主观偏见，从而造成评定结果的不准确。除此之外，在使用等级评定法时由于需要避免出现过于极端的评定结果，观察者还容易出现评定等级趋于集中的倾向，即趋向于选择位于中间的不好也不坏的等级。此外，由于等级评定法都是在观察后回忆幼儿的行为并做出评定，观察者有时容易把自己的联想和猜测作为评定的依据，导致评定结果出现偏差。

（2）等级划分不明确影响评定结果。等级评定表将行为进行等级上的划分，但是并没有明确界定哪些行为属于这一等级，多数是凭借观察者的主观感受来进行判断，而不同的观察者对于这些等级的理解是不同的，这样也会影响评定的效果。

（3）等级评定法没有记录行为发生的具体内容。等级评定法只是在出现的行为后面进行标记，并没有把这个行为发生的具体情境、原因、经过和结果等细节描绘出来，这可能导致观察者了解到的信息并不全面，以至于难以进行深入的分析。

五、等级评定法的案例呈现

案例6-2　幼儿健康领域发展评定表

幼儿健康领域发展评定表

幼儿姓名：军军　　　　性别：男　　　　年龄：5岁11个月

子领域	学习与发展目标	该年龄段典型表现	发展评价		
			1	2	3
身心状况	1. 具有健康的体态	（1）身高和体重适宜（参考标准：男孩身高106.1—125.8厘米，体重15.9—27.1千克；女孩身高104.9—125.4厘米，体重15.3—27.8千克） 身高：110厘米 体重：22.2千克			√
		（2）经常保持正确的站、坐和行走姿势		√	

续　表

子领域	学习与发展目标	该年龄段典型表现	发展评价 1	2	3
身心状况	2. 情绪安定愉快	(3) 经常保持愉快的情绪，知道引起自己某种情绪的原因并努力缓解		√	
		(4) 表达情绪的方式比较适度，不乱发脾气			√
		(5) 能随着活动的需要转换情绪和注意			√
	3. 具有一定的适应能力	(6) 能在较热或较冷的户外环境中连续活动半小时以上			√
		(7) 天气变化时较少感冒，能适应车、船等交通工具造成的轻微颠簸		√	
		(8) 能较快融入新的人际关系环境，如换了新的幼儿园或班级能较快适应			√
动作发展	1. 具有一定的平衡能力，动作协调、灵敏	(9) 能在斜坡、荡桥和有一定间隔的物体上较平稳地行走		√	
		(10) 能以手脚并用的方式安全地爬攀登架、网等			√
		(11) 能连续跳绳			√
		(12) 能躲避他人滚过来的球或扔过来的沙包			√
		(13) 能连续拍球		√	
	2. 具有一定的力量和耐力	(14) 能双手抓杠悬空吊起20秒左右		√	
		(15) 能单手将沙包向前投掷5米左右		√	
		(16) 能单脚连续向前跳8米左右		√	
		(17) 能快跑25米左右			√
		(18) 能连续行走1.5千米以上（途中可适当停歇）			√
	3. 手的动作灵活协调	(19) 能根据需要画出图形，线条基本平滑	√		
		(20) 能熟练使用筷子			√
		(21) 能沿轮廓线剪出由曲线构成的简单图形，边线吻合且平滑	√		
		(22) 能使用简单的劳动工具或用具		√	
生活习惯与生活能力	1. 具有良好的生活与卫生习惯	(23) 养成每天按时睡觉和起床的习惯		√	
		(24) 能主动参加体育活动			√
		(25) 吃东西时细嚼慢咽		√	
		(26) 主动饮用白开水，不贪喝饮料	√		
		(27) 主动保护眼睛，不在光线过强或过暗的地方看书，连续看电视等不超过30分钟	√		
		(28) 每天早晚主动刷牙，饭前便后主动洗手，方法正确			√
	2. 具有基本的生活自理能力	(29) 能根据冷暖增减衣服		√	
		(30) 会自己系鞋带		√	
		(31) 能按类别整理好自己的物品		√	

续　表

子领域	学习与发展目标	该年龄段典型表现	发展评价		
			1	2	3
生活习惯与生活能力	3. 具备基本的安全知识和自我保护能力	（32）未经大人允许不给陌生人开门			√
		（33）能自觉遵守基本的安全规则和交通规则			√
		（34）运动时能注意安全,不给他人造成危险		√	
		（35）知道一些基本的防灾知识		√	
评语		军军的身高体重适宜,并且能经常保持愉快的心情,也不乱发脾气,会适当控制自己的情绪;同时具备一定的适应能力,能很快融入新的环境中。军军的平衡能力较好,动作协调灵活,具有一定力量和耐力,但是军军手部动作能力相对较弱,在手工制作方面需要加强。军军的基本生活习惯总体上良好,只是主动喝白开水和主动保护眼睛的意识还不强。此外,军军具备基本的生活自理能力以及自我保护的能力。总的来说,军军的健康发展处于优秀的等级。			

· 思 政 园 地 ·

《幼儿园教育指导纲要（试行）》的部分规定

八、对幼儿发展状况的评估,要注意:

（一）明确评价的目的是了解幼儿的发展需要,以便提供更加适宜的帮助和指导。

（二）全面了解幼儿的发展状况,防止片面性,尤其要避免只重知识和技能,忽略情感、社会性和实际能力的倾向。

（三）在日常活动与教育教学过程中采用自然的方法进行。平时观察所获的具有典型意义的幼儿行为表现和所积累的各种作品等,是评价的重要依据。

（四）承认和关注幼儿的个体差异,避免用划一的标准评价不同的幼儿,在幼儿面前慎用横向的比较。

（五）以发展的眼光看待幼儿,既要了解现有水平,更要关注其发展的速度、特点和倾向等。

请阅读以上内容并思考:对幼儿进行评定观察时要遵循哪些原则? 应该注意哪些事项?

岗课赛证

一、辨析题

1. 行为检核法和等级评定法是量化的观察方法,只有专业的研究者才能使用,幼儿园教师不能使用这类方法。

2. 行为检核法是一种能够检测目标行为是否出现的观察方法,具有较强的封闭性。

3. 在使用等级评定法时,对等级标准的界定是十分重要的。

二、简答题

1. 行为检核法的实施步骤有哪些?

2. 等级评定量表的类型有哪些?

3. 等级评定法的优缺点是什么?

参考答案

资料

5—6岁儿童
数学学习与
发展监测指
标体系及评
估检核表

案例

小班幼儿体
育活动能力
等级评定

三、实训题

1. 围绕"小班幼儿生活卫生习惯"，依据《3—6岁儿童学习与发展指南》和幼儿身心发展特点，设计一份行为检核表。

2. 学者依据"5—6岁儿童数学学习与发展监测指标体系"（见二维码文件中表1）设计了5—6岁儿童数学观察的三个评估检核表，分别是数学知识技能检核表（见表2）、过程性能力检核表（见表3）、态度与学习品质检核表（见表4）[①]。借助见习或者实习的机会，使用这些检核表对幼儿的数学能力进行观察评定，并记录和反思评定过程。

3. 扫码阅读案例"小班幼儿体育活动能力等级评定"[②]，描述晨晨的体育活动能力，分析评价其体育活动能力发展状况，并提出改进建议。

🌐 拓展阅读

1. 周欣，黄瑾.以发展幼儿数学素养为导向的教师观察和评估——5—6岁儿童数学观察评估检核表的实际使用案例分析［J］.幼儿教育，2022（31）：4—6.

2. 林雯.《户外运动区游戏幼儿行为的观察与分析量表》的制订与使用［J］.幼儿教育研究，2023（02）：37—41.

3. 吴慧娴，谭甲文，张群霞，等.5—6岁儿童学习习惯现状及影响因素研究——基于父母评定视角［J］.陕西学前师范学院学报，2023，39（07）：70—76.

---

① 周欣，黄瑾.以发展幼儿数学素养为导向的教师观察和评估——5—6岁儿童数学观察评估检核表的实际使用案例分析［J］.幼儿教育，2022（31）：4—6.

② 案例提供者：南通大学教育科学学院夏玲玲。

第七章

基于观察的幼儿行为分析

章节导入

菲菲今年4岁了,最近出现了结巴的现象,一说话就紧张,越紧张就越说不好,家长十分着急,总说孩子是结巴。

一天,菲菲正在画画,她想拿其他颜色的水笔,于是冲着妈妈喊:"妈妈,帮我拿、拿、拿、拿水笔。"妈妈一听着急了,生气地说:"怎么又结巴了,说拿东西!"听到这话,菲菲有点失望,低声重复妈妈的话说:"拿笔。"

——案例《菲菲结巴了》[①]

在这个案例中,菲菲出现了结巴,一说话就紧张,妈妈并没有给予正确的引导来缓解菲菲的紧张情绪,这样的引导方式并不能帮助菲菲缓解结巴,反而起到了反作用。

对于教育者来说,我们应该要科学记录和分析幼儿的行为,才能更加科学、合理地分析其产生的原因,最终才能给予适宜的引导来促进幼儿的发展,或改善幼儿的不良行为。对于教育者来说,应该如何分析幼儿的行为呢? 分析幼儿的行为时应注意些什么呢? 幼儿行为分析的技巧有哪些呢?

学习要点

1. 了解幼儿行为分析的价值及影响因素,知道分析会受到多重因素的影响。
2. 知道幼儿行为分析要遵循的原则,树立全面客观的分析观。
3. 尝试对具体案例进行分析,掌握幼儿行为分析的技巧。

第一节　幼儿行为分析的价值及影响因素

2022年教育部印发的《幼儿园保育教育质量评估指南》提出,"认真观察幼儿在各类活动中的行为表现并做必要记录,根据一段时间的持续观察,对幼儿的发展情况和需要做出客观全面的分析,提供有针对性的支持。不急于介入或干扰幼儿的活动"。由这段话可以发现,观察、记录、分析、支持是一个完整的过程,分析处在承上启下的一环,也是整个观察中最为重要的一环。幼儿行为分析是运用一定的方

---

① 王烨芳.学前儿童行为观察与分析[M].南京:江苏教育出版社,2012.

式收集幼儿信息并对幼儿的学习与发展状况做出判断的过程。这一过程本质上是在幼儿实际表现与幼儿应有发展之间进行的比较和判断[①]。幼儿行为分析是以事实收集为基础，并在此基础上做出的价值判断。幼儿行为分析可以帮助我们了解幼儿，走进幼儿的生活，科学合理地引导他们。只有真正了解他们，教师才可能成为合格的教育者。

一、幼儿行为分析的价值

对幼儿行为进行分析，有以下五个方面的作用。

（一）了解幼儿的行为和行为变化

幼儿的发展是一个整体发展的过程，但是如何才能洞悉幼儿的行为呢？莎曼（Carole Sharman）等人认为：幼儿的发展通常可以划分为身体动作（粗大和精细的运动技能）、智能、语言、情绪情感和社会性互动五大方面[②]。可以根据这五个方面来分析幼儿的行为表现。比如，在一次小班的户外活动中，教师组织了跨栏的体育活动，幼儿依次进行。轮到小宇跨栏时，他是两条腿一起跳的，险些被绊倒；第二次跳时，他就换了一种方式，用一条腿绕、一条腿跳，顺利跳过了，得到了教师的表扬。在这个观察中，我们可以看出，小宇的动作稍显不协调，但通过变换动作顺利跨过，教师也及时给予了表扬。如果想知道幼儿其他方面的行为，可以在幼儿的其他活动中进行观察、记录、分析，来了解幼儿的行为和行为变化。

（二）评价幼儿的发展状况

观察幼儿可以帮助教育者进一步理解幼儿发展的模式和一般特点。如果在众多幼儿中发现了需要帮助的幼儿，则证明教师了解每个幼儿的特点，能迅速注意到某些幼儿，判断出他们在哪些方面存在困难，并提供相应的支持[③]。

（三）更好地促进幼儿的发展

幼儿的发展需要教师的正确引导，教师在了解幼儿现有水平的基础之上，用科学、合理的方式促进幼儿达到更高的水平，有利于幼儿的健康成长。

（四）理解幼儿的需要

作为专业的教育者，教师要学会站在幼儿的立场，用幼儿的思维理解他们的行为，并与幼儿交流，不能以成人的视角去命令或批判幼儿。比如，一名中班幼儿画了一幅海底世界，有沉船的残迹、潜水员、各种各样的鱼、水草等，画面相当丰富。他骄傲地拿来给教师看，但教师却一脸严肃地告诉他：潜水员的头太小，胳膊太短，都没有脖子……幼儿非常失望地回到座位。这位教师没有站在幼儿的立场，用幼儿的视角去看待他的作品，而是用成人的审美去评判，这不仅不利于幼儿的发展，而且影响其自信心、自尊心。下次幼儿画完画，就不会拿来与教师分享，甚至有可能导致幼儿不喜欢画画了，认为自己画不好。

（五）有助于与家长沟通

教师在对幼儿进行行为分析之前，必然需要仔细观察他们。在此过程中，也能了解到幼儿的行为习惯、性格特点和能力发展等，发现其中存在的问题，与家长进行沟通，形成家园合作，共同培养幼儿的良好习惯。

二、幼儿行为分析的影响因素

在了解幼儿行为产生的原因之前，有必要去审视那些影响成人分析幼儿行为的因素。虽然无法绝对避免这些因素，但也必须了解它们的存在，然后想办法尽量避免，减少这些因素对分析幼儿行为所产生的影响。这些影响因素分为个人因素和理论因素两类。

---

① 潘月娟.学前儿童观察与评价［M］.北京：北京师范大学出版社,2015.
② Carole Sharman, Wendy Cross, Diana Vennis.观察儿童：实践操作指南（第三版）［M］.单敏月，王译平，译.上海：华东师范大学出版社,2008.
③ 王烨芳.学前儿童行为观察与分析［M］.南京：江苏教育出版社,2012.

（一）个人因素

每个人都是一个独立的个体,年龄、性别、家庭结构、文化素养、经济水平和社会地位等都会影响人们对所看到的行为的解释。

1. 性别

传统观念对人们有着根深蒂固的影响。传统观念中,男孩要坚强勇敢,男儿有泪不轻弹,男孩天生就应该是敢于冒险的,并且应该要让着女孩子;而女孩应该要温柔,女孩可以掉眼泪,可以软弱,可以不用那么勇敢……受到这些传统观念的影响,人们区别对待男孩和女孩,区别看待男孩和女孩的行为,对出现的问题的解决方式也不一样。

2. 年龄

人们的价值观和对待某种行为的态度,随着年龄的增长而发生变化。在年轻时期,看待大部分的事情都相当宽容,而年纪越大就越不宽容,这也就是为什么大部分的人都感觉年纪越大的人越挑剔,越难相处,脾气也越大。我们对待幼儿也是,很多教师也觉得,自己年轻的时候能够更加宽容地看待幼儿的行为,对幼儿更加耐心,而随着年龄的增长,对幼儿的耐心却越来越少了。

3. 家庭因素

人们所处的家庭的结构、所接受的家庭教育、家庭的经济水平和社会地位都会影响对幼儿行为的看法。在儿时,父母对我们的教养方式会潜移默化地影响我们的价值观、世界观、教育观等,就算我们有些时候不赞成父母的教育方式,但这样的教养方式会隐性地影响我们,包括父母离异、亲人离世、受虐待等各种经历都会影响我们如何看待幼儿的行为。如果从小生活于为人处世有理有节的家庭中,那么我们就会深受这种环境的影响,对待幼儿、同事、陌生人,我们的行为举止都会温文尔雅;而如果从小生活在一个争吵不休的家庭,就算我们非常厌倦这样的相处方式,但当我们遇到事情时,也容易冲动对待,不能冷静处置。

（二）理论因素

观察幼儿行为时,总是会根据所学的理论依据来分析,不同的理论也会影响幼儿行为分析的结果。比如,我们看到了下面这个场景:

你来到幼儿园某个班级的活动室中进行观察,你注意到一个小男孩正独自一人坐在一张桌子旁边玩泥巴,你想凑近看看他在做什么。这时,小男孩朝你笑了,并且问你是不是想和他一起玩。你回答说"好啊",于是他就把泥巴给了你。而正当他靠得非常近观察你的时候,你把泥巴滚成了一个大球,然后又把球切成了均等的两半。你给他一半,并告诉他:"现在我们的泥巴一样多了。"他点了点头,笑了,然后拿起他的那半个泥球,在桌子表面滚来滚去。这时,你又拿起你的泥巴,把泥巴摊成了一块大大的"薄饼"。他看到你的"饼",非常感兴趣,专注地看,然后大喊:"嘿,你的那块大! 我要你的那块!"你想毕竟你是个来访的客人,而且肯定不想为了一块泥巴和一个三岁大的幼儿吵架。所以,你就把你的那块给了他。他立刻笑了,然后重新回去玩他的泥巴! [①]

对于上面这个特定的场景,我们会用各种不同的理论来解释它。比如,我们会用皮亚杰的认知发展理论去解释,认为这一时期属于认知发展中的前运算阶段。从这一观点出发,我们就可能认为他不能达到认知守恒的水平,也就会认同他目前的发展水平,因为处于这一发展水平的幼儿还不能理解:既没有往里面加泥巴,也没有拿走泥巴,那么泥巴的量始终是保持不变的。所以,人们所学的理论会帮助自己理解和分析所观察到的行为信息。当然,能把一个幼儿的行为放在理论的框架中,这也有利于人们更好地理解幼儿的行为。

但是,理论依据在一定程度上也会限制人们的视野,用不同的理论看待同一种行为时,也会有不同

---

① ［美］沃伦·R.本特森.观察儿童——儿童行为观察记录指南［M］.于开莲,王银玲,译.北京:人民教育出版社,2009.

的看法。比如，皮亚杰和弗洛伊德一起观察同一名幼儿，他们通过观察所得到的行为分析结果极有可能是不一样的。因为皮亚杰更注重于幼儿对物体的操作，而弗洛伊德更注重幼儿的无意识表现和本能欲望。因为注重的内容不同，才导致他们得到的结果不同。

多种理论之间必然存在相互联系与相互矛盾，然而很多时候会因为理论之间的相互矛盾，使我们在分析幼儿行为的过程中产生诸多纠结，让我们不知所措。但是换一个角度思考，这也恰好提醒我们，不能只从一个角度，而应从多种角度看待幼儿的行为。所以，我们应学习更多的理论来帮助我们多元化地分析幼儿的行为表现。

第二节　幼儿行为分析的原则

幼儿行为分析的原则是指在分析幼儿行为的过程中所采用的行为准则，这种行为准则是建立在幼儿教育评价的科学理论以及幼儿发展科学理论的基础之上的。具体来说，应该是对幼儿发展状况的价值取向、功能取向、标准、内容、信息与方法、主体等分析要素进行审视与判断的过程，在分析幼儿行为的过程中每个分析要素都有各自遵循的原则，但总的原则是以促进幼儿发展为目的[①]。

一、整体性原则

幼儿行为分析的整体性原则主要体现在分析内容的全面性、整体性。《纲要》明确提出："各领域的内容相互渗透，从不同的角度促进幼儿情感、态度、能力、知识、技能等方面的发展。"同时，在教育评价中提出："全面了解幼儿的发展状况，防止片面性，尤其要避免只重知识技能，忽略情感、社会性和实际能力的倾向。"从这里可以看出，幼儿教育的根本任务就是促进幼儿各方面协调发展，所以，分析幼儿行为的原则，必须要有利于幼儿的全面发展。

幼儿的行为分析不再像传统的幼儿行为分析一样，只注重知识和技能的发展，还要注重情感、社会性、个性、行为习惯和学习方式等方面的发展。只有这样才能更为全面、整体性地分析每个幼儿的长板和短板，更为科学地指导幼儿的行为，帮助幼儿达到更高的发展水平，增强幼儿的自信心。

比如，在一次中班绘画活动中，教师要求幼儿画一个洗澡的人。教师在强调了绘画要求之后，请幼儿回到座位上，根据要求画画。这时，小丁在纸上画了一个坐在浴缸里洗澡的小人，还画上了很多小玩具、洗浴用品和小泡泡，画面非常丰富。他还给自己的画涂上了漂亮的颜色，很满意地点点头，随后就拿去给教师看。教师看着他画的画说："你这个小人的手臂画得短了一点，头应该再画得大一点……"小丁拿着画失望地回到座位，默默地把画收了起来。

在这次活动的指导过程中，教师只注重幼儿在绘画作品中的技能技巧，并没有重视幼儿在绘画作品中表达的个人情感和体验，也没有重视幼儿的所思所想。教师没有试着从幼儿的视角来看待幼儿的作品，而是用成人的审美来评判，没有做到关注幼儿各方面的发展，这样的做法并不利于幼儿自信心的培养。

教育者在分析幼儿行为的过程中应严格遵循整体性原则，既要重视幼儿知识技能的发展，也要重视幼儿在活动过程中非智力因素的表现。教师的评价不应该只是针对幼儿的知识技能，更应该多方面地关注幼儿的发展，这样有利于培养幼儿各方面的协调发展。

二、发展性原则

幼儿行为分析的发展性原则要求教育者准确地认识幼儿的发展水平，根据幼儿现有的发展水平分析幼儿的发展状况。《指南》中提到，幼儿的发展具有一定的阶段性特征，每个幼儿在沿着相似进程发展的过程中，各自的发展速度和达到某一水平的时间不完全相同。要充分理解和尊重幼儿发展进程中的

---

①　潘月娟.学前儿童观察与评价［M］.北京：北京师范大学出版社，2015.

个别差异,支持和引导他们从原有水平向更高水平发展,按照自身的速度和方式达到《指南》所呈现的发展"阶梯",切忌用一把"尺子"衡量所有幼儿。《纲要》中也明确指出:"教育评价是幼儿园教育工作的重要组成部分,是了解教育的适宜性、有效性,调整和改进工作,促进每一个幼儿发展,提高教育质量的必要手段。"教育者分析幼儿行为的最终目的不是判断某个幼儿的发展水平怎么样,有没有达到这一年龄段的平均水平,幼儿的发展是否迟缓等,而是为了更加了解幼儿,以便于能够在后期采取更具有针对性、更有效的措施来促进幼儿各方面的协调发展。

但是在真正的实践过程中,有很多教育者对于幼儿行为分析的目的有误解:一些幼儿园热衷于根据幼儿行为分析的结果给幼儿排名、贴标签;还有一些幼儿教师由于园内的各种琐事太多,而将这种分析看成一种任务,完成就好,并没有真正派上用场,为了评价而评价,导致幼儿的行为分析对幼儿发展的有益作用并没有发挥出来。

教育者在实施幼儿行为分析的过程中,应该认真对待,并且重视幼儿发展过程中的个体差异;能够看到幼儿的优点和长处,正确对待幼儿的发展不足,用科学合理的方式来促进幼儿各方面的发展。《指南》中的发展目标只是作为参考,每个幼儿的发展进程都是不一样的,不能用一把"尺子"衡量所有幼儿。教师应尊重幼儿发展过程中的个体差异,并耐心等待、指导;引导幼儿在原有基础上向更高水平发展,以发展的眼光看待幼儿,使幼儿在快乐、愉悦的环境中成长。

三、科学性原则

幼儿行为分析的科学性原则是指幼儿行为分析的标准制定、行为的观察、行为信息的收集、参与分析的观察者等都应是多元化的,要确保能正确、全面、客观地反映幼儿真实的发展水平,即分析的有效性和可信度高。

长期以来,我们习惯于使用一个单一、传统的方法体系,并没有做到真正的科学分析。其实每一种评价方式都有自己的优势和不足,必定会有误差。比如,我们采用量的研究,虽然这种研究方法非常有效率,也比较科学,但是在研究过程中,其实有很多内容无法将其真正量化。如,幼儿的兴趣、需要、情感、价值等这些内容很难将其真正量化,这个时候我们往往选择的是熟视无睹,拒之视野之外,就算纳入分析范围,也只是用非常简单的方式量化分析、简单处理,并不能完成真正意义上的分析评价。以这种方式处理出来的结果,必然是不够科学,也不够真切的。如果我们只是单纯使用质的研究来分析幼儿的行为,用文字的方式进行记录,那么我们又会只重视过程,而不重视结果,是一种动态而非静态的分析方式。无论是用这两种研究方法中的哪一种来研究幼儿的行为,都是极其不科学、公正的,但如果将两种研究相结合,交叉使用,那么我们的分析结果将会相对科学、合理。

所以,幼儿行为分析的方法应该采用多元化的方式来进行,这样才能保证幼儿行为分析的科学性、客观性,充分发挥各种研究方法的优势。当然,这些研究方法的运用,需要教育者在幼儿的日常生活中重视各种资料的收集,这样才能得到科学、全面的分析结果。我们也可以发挥幼儿在分析过程中的主体性地位,引导幼儿以自评的方式参与到行为分析中去。

比如,让幼儿在"棒棒车"的墙饰上粘贴纸,评价自己一周以来各方面的进步;让幼儿用花朵和星星的图案评价自己对交通标志的认识等。此外,还可以让幼儿通过盖"表情章"对自己今天的情绪状况进行自评;通过在"棒棒车"上相互盖章,评选班上"最佳进步明星";观赏、评价自己或同伴的绘画作品和建构作品;在集体或小组讨论中参与互评等。这种自评和互评有助于幼儿学习客观地认识自我,并吸取他人之长,从而达到通过评价提升自我的目的[①]。

四、文化敏感性原则

文化对教育的影响是不可忽视的。不同的文化背景下,社会对人的发展期望是不同的,对人的评

---

①　高美娇,王黎敏.幼儿发展评价与教育整合的实践探究[J].幼儿教育,2003(7):20—21.

价标准定位也是不同的。幼儿行为分析的标准是对幼儿发展的合理期望，因此分析的过程中我们就要格外注意遵守文化敏感性原则。在不同的文化背景下成长的幼儿，受到的文化熏陶不同，那么他们的价值观、世界观、态度、取向以及看待事物的标准也就不一样。

从宏观的角度来讲，不同的文化背景对幼儿的影响也是不一样的。比如，西方非常重视个性，而东方重视社会适应。中国的幼儿从小接受的教育就是要积极地和人相处，与人相处要懂礼貌，在街上遇到了熟人，一定要热情地打招呼；而西方的幼儿碰到这种情况更多的是顺从自己的内心，更自由些。东方国家向来比较重视"规矩"，每个人生活在集体中都要互相尊重，以礼待人，要愿意为了集体放弃个人利益，要遵守集体规则，这样才能有利于社会文明的进步；而西方人更多的是认为，这个年龄段的幼儿就是以自我为中心的阶段，是无暇顾及他人的，这一阶段的幼儿主要的任务就是发展健全的自己，没有必要一定要与集体协调。也就是因为这样，我们不能照搬西方的衡量标准，而应该根据本国国情衡量幼儿的发展状况，在分析幼儿行为的过程中要遵守文化敏感性原则。

除此之外，不同文化的语言符号系统是不一样的，语言发展的规律特点以及语言对其他领域发展的影响作用也有所不同，所以各个国家使用的测量工具也并不一定适合我国使用。比如，在运用皮博迪图画词汇测验对非英语背景的幼儿进行测试时，由于幼儿对通过画面来交流的方式不熟悉，或者对英文词汇不熟悉，或者两者同时存在，就有可能出现偏差[①]。因此，我们在制定幼儿行为分析的标准与工具时，也应该考虑到文化的敏感性，注意根据文化的差异设置不同的行为标准，准备不同的测量工具。

五、幼儿权益保护原则

幼儿作为观察分析的对象，他们有自己独立的人格和价值，拥有独立的思想和观点，成人应本着理解、尊重的态度来看待幼儿的行为，而不是仅仅采用各种行为标准和测查工具来分析幼儿的行为。《儿童权利公约》明确提出，幼儿是享有生存权、受保护权、发展权和参与权的，并且强调应遵循幼儿最大利益原则来处理有关幼儿的事情，要求凡是涉及幼儿的任何事宜，都应该以幼儿的权利为重。幼儿行为分析是教育过程中涉及幼儿权益的重要事件，教育者在实施的过程中，应明确幼儿行为分析的目的是为幼儿创造更好的教育环境，也是为幼儿提供更好的教育影响，从而促进幼儿的发展，真正保证幼儿的权利。

比如，教育者在收集信息的过程中，需要考虑在什么情境下由谁来收集信息更有可能让幼儿感到安全、有信心，并能获得有关幼儿表现的真实、客观的信息。在解释信息时，应尽可能正面积极地看待幼儿的行为表现。在应用分析结果时，应注意幼儿的基本信息要保密，要保护幼儿的隐私[②]。无论是收集行为信息，还是解释幼儿行为的结果，都应该考虑幼儿的隐私及其在学习和教育过程中的权利，无论是进行什么都要秉持幼儿为首的原则。成人必须不断地反思，在分析过程中是否站在幼儿的立场来审视，是否充分地尊重和保护幼儿的权益，要明确分析幼儿行为的目的，全面了解幼儿的需要，客观记录和分析幼儿在家庭和幼儿园或者更为广泛的社区中到底发生了什么，而非选拔或者是将幼儿分成三六九等。

第三节　幼儿行为分析的技巧

在分析幼儿的行为表现时，要就事论事，不做绝对性的评价。教育者对幼儿的行为进行分析，是为幼儿的发展服务的过程性评价，分析结果仅仅代表幼儿在本次活动中所表现出的行为特点。教育者应避免受本人儿童观、经验和对幼儿的年龄特点、心理发展水平的掌握程度等的影响，做出客观、科学的分

---

①② 潘月娟.学前儿童观察与评价［M］.北京：北京师范大学出版社,2015.

析。教育者只有在经过多次的科学观察之后，才能最大限度地靠近事实，所以从这个角度来看，每次的行为分析只能总结本次活动的行为。

教育者在分析幼儿行为之前必然要进行有目的、有计划、全面的观察和记录，并且要了解幼儿的家庭背景和生长环境等基本信息，这有助于更加科学、合理地分析幼儿的行为。要客观分析幼儿的行为过程与结果，即在分析过程中要明确观察目的，学会站在幼儿的立场，用幼儿的视角来看待他们的行为，而不是用成人的视角去看待和分析幼儿的行为以及幼儿的发展水平、技能技巧、情感态度、社会能力等各方面的现状，并要学会用发展的眼光来看待幼儿，满足幼儿多方面的需求。

为了更好地进行幼儿的行为分析，结合实际情况整理了以下六点。

一、围绕观察要点来归纳

这一技巧适合有明确观察目的的行为观察。一个好的行为观察记录应该有明确的观察目的，行为描述围绕目的进行有侧重的描述，行为分析也应该与行为描述、观察目的相呼应。教师在通过仔细观察之后，要围绕目标对幼儿的行为表现给出恰当的分析，得出的结论不宜过大，必须围绕目标写得客观、具体，避免夸大观察记录的作用。在得出结论之前，应通读记录，仔细阅读记录中的每一句话，分析确认每一句话的客观含义，并且能够区别是哪一领域的，最后用通俗易懂的话语表述出来。

案例7-1　"重走长征路"的承承[①]

一、基本信息

幼儿姓名：承承（中班）　　观察日期：2023年10月23日　　观察时间：14：00—14：05
观察目的：了解承承在游戏中的肢体协调能力、灵敏度、平衡能力，以及自主探究的能力。

二、行为描述

幼儿园开展"重走长征路"红色游戏活动，让幼儿通过亲身体验，感受红军胜利路上遇到的艰难险阻。承承先一下子双膝着地跳跪到垫子上，然后匍匐前进，钻过两道拱门，站起来跑到"穿越火线"关卡。他找到一个入口，蹲下来双手抓住上面的杆子，右脚往里一跨，松开右手伸手往里摸索，接着钻爬进去。在最开始的适应之后，承承找到了自己的方法，他还是先双手抓住两旁的架子，双脚往前踏，接着带动身子爬到下一个方块。游戏出口大致在入口的前方，承承在爬的时候就主要往前进，遇到尼龙网阻拦就随机换一个方向，最后顺利找到出口。在找到出口以后承承探索到了游戏的乐趣，重新换了一个入口进入。通过不停地探索，承承一共挑战了四遍，每次成功，他都会兴奋地跟教师描述，并请教师继续看他挑战。

接着，他开始挑战"爬雪山"关卡。承承小跑两步，跃入关卡开头的轮胎里面，然后扶住梯子的两边，跪着向前爬，嘴里念叨着"好啦，一点也不怕，我就是想挑战……什么都不害怕……"来鼓励自己。爬完前面一小段，承承改变策略，双手还是扶着梯子两边，但是双膝主要贴紧梯子的右半部分，右膝先行，左膝再跟上，慢慢朝前移动。"嘿嘿，你们比不过我比不过我。"承承在快到梯子另一头的时候这样说，接着他一脚踩进梯子的空当处，左脚往前挪动移动到轮胎里，右脚跟上，站在轮胎中停了一会儿，口中念叨着"……你们把旗子插好……"，然后双手借力跨出轮胎。承承又往前小跑两步，伴随一句"看我的"，爬上轮胎"小山"。他先右脚跨入一个轮胎，然后带动身体跟上，再跨入一个空隙，手脚并用爬到下一个较高的轮胎上，再左脚往下够，踩到地上后双脚蹲起，

---

① 案例提供者：南通大学教育科学学院甘青艳。

双手扬在空中跨出轮胎。最后，承承左右脚交替踩上塑料墩子，穿过所设线路，跳到草地上，完成挑战。

三、行为分析

1. 承承动作灵敏，肢体协调。他擅长钻、爬、跳、跨等动作，如在"穿越火线"关卡中他能手脚并用流转于各个方块之间，在短短五分钟左右的时间内探寻不同的出入口，展现出良好的灵敏性与协调性。

2. 承承能够保持良好的身体平衡性。如在"爬雪山"关卡中，他能在梯子上向前爬行，找到支撑身体的平衡点，并协调腿部、手部等多处肌肉动作，不怕困难不怕劳累，全身心投入翻越轮胎"小山"，在自我挑战中完成本游戏关卡。

3. 在自主探究方面，承承对游戏项目充满了好奇心和求知欲，有一定探究能力。例如，他能用手、脚合作探索，运用多种感官，动手动脑，探究游戏不同入口匹配的不同出口。他在游戏中实时和教师分享找到了几个出口，在遇到被网拦住出不去的情况下，他也能沉着冷静地应对，灵敏寻找下一条路线，不立即找教师帮忙，而是自己换个方向摸索前进，感受游戏的挑战性和乐趣。

4. 在学习品质方面，承承具有一定的坚持性、专注力以及较强的主动性。承承能够反复多次地挑战他感兴趣的关卡，对"到底能找到几个不同的出口"充满好奇心且勇于尝试，愿意就感兴趣的问题多次探究。

从案例7-1可以看出，本次观察的目的有三个，即观察幼儿在障碍爬中的灵敏度与肢体协调性；观察幼儿在攀爬梯子、轮胎过程中的身体平衡能力；观察幼儿在游戏中的自主探究能力。观察者紧密围绕这三个目的描述了幼儿的行为表现，之后的分析则回应三个观察目的。如，"动作灵敏，肢体协调"回应了"观察幼儿在障碍爬中的灵敏度与肢体协调性"，"能够保持良好的身体平衡"回应了"观察幼儿在攀爬梯子、轮胎过程中的身体平衡能力"，"对游戏项目充满了好奇心和求知欲，有一定探究能力"呼应了"观察幼儿在游戏中的自主探究能力"。当然，观察者还依据行为发现了其良好的学习品质。所以，一个好的观察应有明确的观察目的，行为描述也应该围绕观察目的来进行，行为分析回应观察目的，教育建议用于回应和支持幼儿的关键行为。

二、从行为记录的关键词句切入

日常的行为观察往往没有特定的目的，教师的记录往往也会缺失观察目的或者观察要点。对幼儿的行为进行分析，最简单的技巧之一是将行为置于情境中。当被观察的行为结束后，观察者应借助短时记忆，及时补充和完善记录资料，让记录尽可能还原现场。在这一基础上，教师要细细阅读行为记录，寻找其中的关键词语、反复出现的语句，进而归纳出幼儿行为的本质。

案例7-2　入园适应中的采采[①]

一、基本信息

观察日期：2023年11月20日　　　观察时间：8：33—8：43

---

① 案例提供者：江苏省苏州市工业园区文景幼儿园莊炯华、张雨。

观察对象：采采　　　　　　　幼儿准确年龄：3岁2个月

二、行为描述

热身运动时，教师提示幼儿站在贴好的点点上。采采没有去站，而是走到了队伍之外的最前面，自成一队，左看看右看看。教师喊她的名字让她踢一踢腿，她跟着做了一下动作，但依然左顾右盼。教师又提示她去站点点，她看了看地上，踢了踢腿，没有去。教师说："接下来，请小朋友们一起学小兔子蹦一蹦、跳一跳，看看哪个小兔子跳得最高。"采采学小兔子跳了一跳，然后停下来盯着书包柜看。教师说："采采，跳一跳。"她没有跳。教师又说："跳一跳。"她腿弯了一下还是没有跳一跳，不一会儿又走到队伍后面去了。

热身运动结束，开始做操，采采又来到最前面。做操期间，她跟着音乐做动作，时不时露出开心的表情。快结束时，她不知被隔壁班级的什么所吸引，离开自己的位子，朝着隔壁班级活动的方向走了一段距离，停下来望着他们。

三、行为分析

1. 经过两个月的时间，采采已能听懂教师的话，能参与部分集体活动，在早操活动中表现兴奋。比如，她能"跟着做了一下动作""学小兔子跳了一跳""跟着音乐做动作"。

2. 采采没有跟随教师的指令行动，规则意识淡薄。比如，她"自成一队，左看看右看看""腿弯了一下还是没有跳一跳""又来到最前面""离开自己的位子"。

3. 采采注意力容易分散，好奇心强。比如，她会"被隔壁班级的什么所吸引，离开自己的位子"。

案例7-2中的行为分析呈现出两大显著特点。其一，采用总分结构，逻辑清晰，先提炼核心结论，如"能参与集体活动""规则意识淡薄"等，再结合"跟着做动作""自成一队"等具体行为细节展开论证，以客观事实为依据，增强分析可信度。其二，全面且辩证地呈现儿童发展情况，既肯定"能听懂指令"的进步，也指出"注意力分散"等问题，聚焦发展中的矛盾与个体独特性；同时，语言简洁直观，通过短句和重复关键行为的表述，精准刻画儿童行为特点，为后续教育干预提供明确方向。

三、结合幼儿成长背景分析

该技巧适合探讨幼儿问题行为的原因。原因的分析维度很多，有家庭的经济文化、养育观念与行为等，有自身性格与气质，还有幼儿园教育的影响、同伴交往、社区或社会大环境、媒体等。在进行原因分析时，要注意以下事项：不要对行为产生原因做草率的推测，不要把责任简单推到某一方的头上，这是不负责任的做法。原因的追寻应该是谨慎的、经过调研确认的，而非简单地将原因归结于某个方面。比如，教师通过观察发现，班级中一个幼儿吃饭特别慢。按照经验和对其家庭状况的初步了解，教师认为是祖辈照料的问题。但不是所有祖辈照料的幼儿都吃饭慢，祖辈照料是表面现象，对于这个幼儿而言，祖辈怎样的照料导致了其吃饭慢是值得思考的。除此之外，还有哪些是导致这个幼儿吃饭速度慢的次要原因也是值得探究的。因为只有探究出明确的影响因素，之后的教育对策才可能是具有针对性的，而非泛泛而谈的。

研究者在"学习习惯不良流动幼儿的个案研究"中发现，该名流动幼儿学习习惯不良，表现在：倾听习惯差、自我控制能力弱、不会与人交往、不敢在集体面前发言。通过初步的调查，研究者发现，由于没有很好的家庭环境，没有合理的引导和约束及之前教师的不重视等，以致他在学习习惯的诸多方面与本地幼儿有着较大的差异。案例7-3中，教师从家庭原因、教师原因进行了具体分析。

案例7-3　学习习惯不良幼儿行为产生原因的分析[①]

1. 家庭原因

重养轻教。父母文化水平的高低直接影响其对子女的教养方式。通过家访了解到，幼儿父亲只有小学文化，母亲不识字。家长认为幼儿园是影响幼儿良好的学习习惯养成的第一因素，家长只需要管幼儿吃饱穿暖，根本没有必要也没有能力辅导幼儿学习。

重管教轻沟通。最明显能反映这一点的就是幼儿犯错误时，父亲的教育方式简单粗暴：训斥、命令、责问，把幼儿对知识技能的掌握当作直接目标和唯一任务，忽略幼儿的表现和反应，要求得多，尊重、理解、引导、倾听得少。幼儿失去学习的热情变得自卑懦弱，家长的打骂成为了束缚其成长的锁链。

同伴的缺失。幼儿待在家中时间多，在家主要的"玩伴"就只有电视、电脑，把太多的时间花在与虚拟的世界交流，而不是与家长、同伴身边的人交流。幼儿心理上的需求得不到满足，情绪消极，语言感受和表达的空间小，与他人合作学习的能力弱。

2. 教师原因

缺少耐心。由于地域、经济、文化以及学前教育等方面的差距，幼儿身上有许多与本地幼儿格格不入的地方，教师往往会用异样的眼光看他。在学习活动中，他极少有被提问和互动的机会，即使被提问，在他回答不出时，教师为了节省时间干脆直接告知答案或请能力强的幼儿来补充答案。这使其备感自卑苦闷。

消极评价。教师正确的评价不仅能满足幼儿的成就感、被赞许的需要，还能巩固幼儿的正确行为，更能激发幼儿的学习动机。反之，则会使幼儿缺乏信心，导致恶性循环。面对涛涛的种种怪异举动和不良的学习习惯，之前的教师褒贬全凭个人的好恶，忽视幼儿的内心感受。例如："这么简单的问题还不会，你傻呀！""上课动什么动，手痒呀！""总是打人，坐最后面去！没人跟你玩！"孩子畏惧教师，对这类评价感到沮丧，甚至回避教师。教师则武断地认为这个幼儿有"孤独症"，结果幼儿的学习状态越来越差，以致产生厌学情绪。

四、结合幼儿发展特点分析

观察者需要从繁杂的资料中找出有价值的行为记录，这需要有一定的敏感性，这种敏感性来自观察者对幼儿发展理论的熟练掌握。对于记录的行为，观察者同样需要有扎实的幼儿发展理论来理解和解释。

比如，4岁的苗苗在向同伴介绍自己的画时，把画对着自己，其他幼儿无法看到。在教师一再要求下，改为对着他人，但不知不觉又面向自己。苗苗的行为是外在的、客观的，那么这些动作意味着什么呢？如果缺乏幼儿发展理论的支撑，用常规的思路来解释，我们往往仅注意到幼儿把画对着自己这一表面现象，判定其自私。但是，如果具备一定的发展理论知识，观察者就可以正确理解这一系列动作背后的意义：按照皮亚杰的认知发展理论，幼儿是自我中心的，他们把注意力集中在自己的观点和动作上。为此，苗苗并非故意，而是无法克服自我中心的思维限制。

从上例可见，也可以推测，我们在幼儿发展心理学、学前教育学等相关课程中学到的各种理论知识为我们正确解释幼儿的行为提供了思路。但是，和幼儿发展常模、年龄目标一样，观察者要避免将幼儿发展理论当作尺子，并以此衡量幼儿的发展。也就是说，在观察和分析幼儿行为时，要正确对待理论的价值，要知道幼儿发展理论只是分析幼儿行为的众多依据之一。表7-1是常用的幼儿心理发展理论及其使用范围举例，希望能为读者解读幼儿行为提供启示。

_____

[①] 节选自南通大学学前教育专业张菊梅函授毕业论文《学习习惯不良流动幼儿的个案研究》。

表 7-1 常用的幼儿心理发展理论及其使用范围举例 [①]

发展理论	主要观点	适用范围及举例
华生的行为主义	1. 个人的习惯是在适应环境的过程中学会的快速行动的结果 2. 习惯是形成的一系列条件反射 3. 强调练习的作用	解释幼儿新行为,包括不良行为的形成原因 举例: 观察者发现蒙蒙在娃娃家有撕拉玩偶的现象,通过对其日常行为的观察,发现他在看动画片时接触到了一些暴力行为 观察者得出结论:蒙蒙在看动画片的过程中学到了不良行为,并通过设计相关的消极强化手段帮助其改正不良行为
斯金纳的操作行为主义	1. 强化可以塑造幼儿的行为 2. 分为积极强化和消极强化	
班杜拉的社会学习理论	幼儿通过观察学习而习得新行为	
格塞尔的成熟势力学说	1. 个体的发展取决于成熟情况,幼儿在成熟之前,处于学习的准备状态 2. 发展的过程不可能通过环境的变化而改变 3. 幼儿具有自我调节能力,并形成固定的生活模式;自我调节中存在不平衡和波动,表现为进进退退,并提出了《幼儿行为周期变化表》	1. 理解、尊重幼儿个体的发展规律 2. 解释幼儿行为发展中有适度的退化现象 举例: 观察者发现2岁半的豆豆在学习如厕的过程中,虽然之前已经能够主动报告大小便,但是最近又开始经常把大小便解在身上 观察者得出结论:豆豆的这种行为表现是正常的,是一种适度退化现象
皮亚杰的认知发展理论	1. 幼儿是自我中心的,他们会把注意力集中在自己的观点和自己的动作上 2. 学前儿童处于道德水平的他律阶段 3. 教育能够促进幼儿的思维发展,但是教育无法超越幼儿的发展阶段和现有的认知结构水平	1. 解释幼儿从自我中心出发的各种行为,并不反映幼儿从小自私,而是受到现有思维水平的限制 2. 理解幼儿对成人、对游戏规则尊崇的行为 3. 理解幼儿根据行为的后果(而非行为者的动机)来判断是非的现象 4. 理解幼儿对于超越其认知结构水平的教育无法接受的现象 举例: 观察者发现,4岁的苗苗在向同伴介绍自己的画时,把画对着自己,其他幼儿根本无法看到。在教师的一再要求下,苗苗才把画对着其他幼儿,但是不经意间,又把画朝着自己了 观察者得出结论:苗苗并非故意,而是无法克服自我中心的思维限制
维果斯基的社会文化理论	1. 幼儿的自言自语现象是出于自我防卫和自我指导。认为语言是幼儿解决问题等高级认知过程的基础,可以帮助幼儿考虑自己的行为和行动的过程 2. 认知发展的社会起源:认为幼儿在与成人的交往中实现认知的发展	1. 理解幼儿解决问题中出现的自言自语现象 2. 理解成人与幼儿之间的相互作用及混龄幼儿之间的相互作用 举例: 观察者记录下了壮壮在用拼插积木搭建一座摩天轮时大段的自言自语 观察者解释:这些自言自语并非废话,而是壮壮的思考和自我指导的一种表现

五、依据《指南》看发展

当没有特定的目的,但又需要去观察某个幼儿时,记录应尽可能全面、细致、系统。在这种情况下,对这个幼儿的行为分析也可以从多个维度来进行。这时,我们采取的分析方式是依据《指南》或"幼儿发展里程碑",来评价这个幼儿在多个领域的发展水平。从《指南》中找出所观察的这个年龄段的幼儿在某个领域应该达到的指标或者发展标准。然后,将自己描述的幼儿行为表现与《指南》的标准进行对应,以此判断这个幼儿的发展水平。

微课

依据《指南》看发展

[①] 施燕,韩春红.学前儿童行为观察[M].上海:华东师范大学出版社,2011.

比如，纪录片《小人国》中锡坤往垃圾桶里投物的片段，大家非常熟悉。有研究者对其行为进行观察分析和提出教育建议，撰写了观察记录（见案例7-4）。该研究者对锡坤的行为进行分析时采取的方式是"《指南》领域排排坐"。研究者从《指南》中找出与锡坤有关的幼儿发展领域的内容包括：健康领域中，涉及身心状况（情绪）、动作发展（平衡、动作协调、灵敏、手的动作）；科学领域中，涉及科学探究（喜欢、用多种感官、关注动作所产生的结果）、数学认知（感知形状与空间关系）；社会领域中，涉及人际交往与具有自尊、自信、自主的表现（能根据自己的兴趣选择游戏或其他活动，为自己的好行为或活动成果感到高兴，敢于尝试有一定难度的活动和任务）；学习品质中，涉及积极主动、认真专注、不怕困难、敢于探究和尝试、乐于想象和创造。

案例7-4 锡坤投物

一、基本信息

观察对象：锡坤　幼儿年龄：2岁

来源：纪录片《小人国》30分38秒—32分33秒

二、行为描述

锡坤抱着足球，跌跌撞撞地跑向树旁的垃圾桶。垃圾桶很高，他把球抵在垃圾桶上，先回过头看了看，再转身，用右脚一踩垃圾桶的踏板。他试着把球投到垃圾桶里，但因为垃圾桶太高，球从垃圾桶沿上滑下，落到地上，滚到了远处。锡坤跑向球，抱着球回到垃圾桶处。双手抱球，把足球扔向垃圾桶，但球又滚落到地上。他扑在地上，但没有拿到球，只好又跑向球，把球抱起，终于把球投进了垃圾桶，然后迅速跑着离开垃圾桶。

锡坤两只手各拿一鞋，又跑到垃圾桶旁。他把左手的一只鞋子递给同伴，自己用脚踩踏板，用左手扶着垃圾桶的边沿，踩了两次才将垃圾桶打开，然后他把鞋子扔了进去。跑回，又拿来一只鞋子，扔进了垃圾桶。他再次回到鞋架旁时，将鞋子放入了一个篓子里，然后用原来的方式，把鞋子连同篓子扔进了垃圾桶。扔完之后，他看了看四周的地上，把散落在地上的鞋子捡了起来，扔到了垃圾桶里。最后，他使劲地晃着垃圾桶，直到垃圾桶盖子合上。

三、行为评价

坤坤，你对探究幼儿园的这个大垃圾桶好有兴趣啊！（自主探究的兴趣）你通过研究这个大垃圾桶发现了它的不少秘密呢！你知道了这个大垃圾桶上面有个盖子，抬起盖子后的这个大家伙里面是可以装东西进去的（覆盖、容积）。但怎么能让盖子抬起来呢？你发现了用你的脚踩住垃圾桶底部的踏板就能让盖子抬起来（动作和结果的关系）。这个桶里面到底能不能装东西呢？能装多少东西呢？这是不是都是你小脑袋里的问题呢？为了得到答案，你一遍一遍地努力，要把一个球扔进垃圾桶（假设和验证）。你才两周岁，又要用脚踩又要双手抱着球把球投进垃圾桶，这对你来说还是个不太容易的任务呢，所以你不是第一次就投进去的。你两次调整了你的姿势，先是两只手换到一只手，后来觉得还是两只手更能持住球，就又变成了两只手持。但是你把方位从正面换成了正面偏右。你的这些调整帮助你在第三次投球时把球投进了垃圾桶（身体动作的协调性、平衡、自我调节和控制）。你还知道摇一摇后面的撑杆，盖子就会盖上（动作和结果的关系）。你一直很专注，很坚持地在完成这件事，一点儿都没让老师感到你有一丝丝想放弃的念头（学习品质）。你做完了这些应该很为自己自豪吧，尽管你没有特别开心的表现，但是老师还是感到了你对自己的表现很满意哦（自尊、自信）！

四、建议

老师知道你现在对有盖子、中间空的东西很有兴趣哦！老师想到了很多或许你会喜欢的东西，各种纸箱、套盒、帐篷、摸箱、袜子……[1]

---

[1] 行为评价与建议源自南京师范大学张永英2018年5月的讲座。

六、总结提取次数等量化数据

这一技巧适合多次记录和量化观察。使用行为检核表、等级评定、时间取样这些观察与记录方法收集的观察资料不仅数据量大,且多是数字、等级等量化数据。对于这些量化数据型资料,分析的技巧是寻找有意义的、能说明问题的最小分析单位,之后提取数据(如百分比、频次、评定分数),然后对数据进行分析和发现问题,最后讨论问题和寻找解决策略。

案例7-5 游戏中的问题

观察描述:游戏开始了,幼儿自主选择了喜欢的游戏,不一会儿就有幼儿来找教师提出各种问题寻求解决。在30分钟的游戏过程中出现了如下问题:

① "老师,我没有刀。"
② "老师,理发店的灯掉下来了。"
③ "老师,我要大便。"
④ "老师,媛媛要当娃娃家的妹妹,已经有人当妹妹了。"
⑤ "老师,帮我提裤子。"
⑥ "老师,医院的窗口没人。"
⑦ "老师,你看我用床单包孩子,看!"
⑧ "老师,给你。"(说完把刚买来的一包茶送到老师手里。)
⑨ "老师,我要小便。"

行为分析:以上9个问题,有关游戏问题的有6条,占问题总数的2/3;生活问题3条,占问题总数的1/3。由此可见,幼儿向教师寻求帮助的理由并不是全部来自游戏本身,对于年龄偏小的幼儿,生活需求也占了相当大的比例。在有关游戏的问题中,①②④⑥是寻求教师帮忙解决游戏中的材料、环境以及规则的,⑦⑧是与老师分享游戏中的情感。可见游戏中的情感、材料、规则是幼儿游戏中较为突出的问题,也是需要教师关注的问题。

思考:游戏中幼儿的问题较多,这些求助是否真的需要我们一一帮忙解决?他们是否想通过这种特有的方式引起教师的注意或分享游戏中的情感?教师对问题加以分析是实施有效指导的前提,这样才不会出现一味包办代替或敷衍了事。

案例7-6 3～6岁进城务工人员子女学习习惯培养初探[①]

在该研究中,研究者先依据相关文献和教育实践,制定了由教师对幼儿学习习惯进行评定的观察评定表。之后选取自己需要的研究对象,发放和回收评定表,并对收集到的数据进行分析。在进行分析时,研究者统计了流动和本地幼儿在同一项目上的选项人数、所占比重,然后将两者进行比较。为了凸显结果,还用柱形图形象地加以展示。

一、进城务工人员子女学习习惯状况

1. 进城务工人员子女(外来幼儿)学习习惯总体较差,在绝大多数项目上落后于本地幼儿

由图7-1可见,进城务工人员子女阅读习惯相对差,表现在:能非常熟练及比较熟练使用普通

---

① 王晓芬,张菊梅.3岁～6岁进城务工人员子女学习习惯培养初探[J].教育导刊(下半月),2013(01):33-37.

话的外来幼儿仅占到五分之一（20.7%），落后于本地幼儿76.6%；喜欢看书的占到58%，落后于本地幼儿10.7%；看书、绘画时能保持正确姿势的占到54.7%，而本地幼儿占比高达89.3%；能做到爱护玩具及图书的不到三分之一（30%），落后本地幼儿高达31.3%。

图7-2显示：61.3%的外来幼儿在别人讲话时不插嘴，略高于本地幼儿；能集中注意力的占48%，而本地幼儿高达88%；有一半的幼儿自我控制能力较强，落后于本地幼儿15.3%。

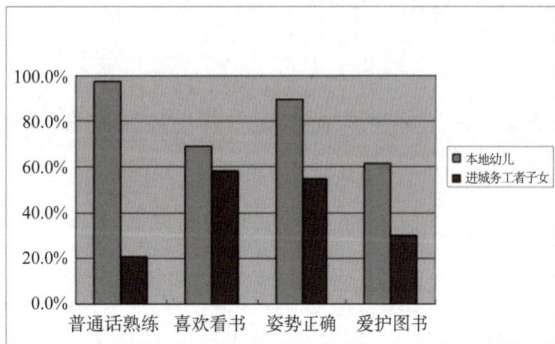

图7-1　两类幼儿在阅读习惯上的比较

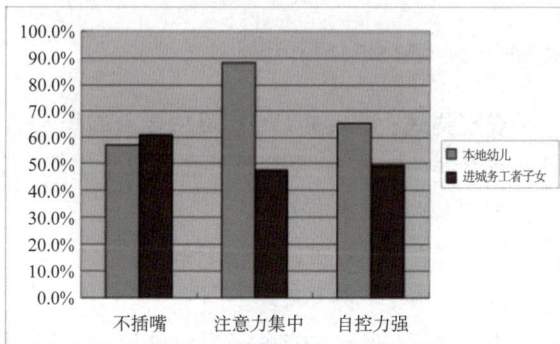

图7-2　两类幼儿在倾听习惯上的比较

2. 进城务工人员子女动脑思考习惯相对差

图7-3显示：进城务工人员子女喜欢和比较喜欢观察的占到61.3%，而本地幼儿高达78%；能有始有终地做完一件事的占65.3%，落后本地幼儿近三分之一；在学习中敢于质疑的只有35.3%，远远落后于本地幼儿的71.3%。

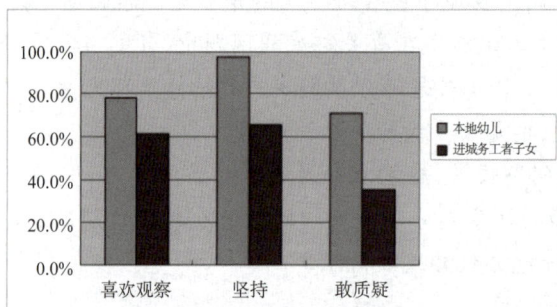

图7-3　两类幼儿在动脑思考习惯上的比较

……

之后从幼儿园教育的不利影响（教师给予幼儿的关注不一样、没有对进城务工人员子女进行有针对性的培养）、家庭教育的不利影响（家长教育观存在部分偏差、家长教育水平相对落后、家庭学习环境较差）等维度分析了以上现象产生的原因，并提出了相应的建议。具体内容可搜索查看文章《3岁～6岁进城务工人员子女学习习惯培养初探》。

上文提到了六个分析技巧，但要注意的是：这些技巧不是割裂的，很多时候需要多种技巧糅合在一起；分析的撰写没有固定格式，写无定法；分析的维度无具体数目，先典型后扩散；避免对观察行为的过度解读及伦理问题。

·思政园地·

《学前教育专业师范生教师职业能力标准(试行)》部分规定

2.1.1【保育教育基础】

掌握教育理论的基本知识和3—6岁幼儿身心发展特点、规律,具备观察、分析与评价幼儿行为的能力。熟悉幼儿园教育的目标、任务、内容、要求和基本原则。

2.4.3【支持幼儿游戏】

学会观察分析幼儿的游戏,支持幼儿在游戏活动中获得身体、认知、语言和社会性等多方面的发展。

2.5.3【实施教育评价】

了解幼儿园教育评价的目的与方法,运用观察、谈话、家园联系、作品分析等多种方法,了解和评价幼儿。能够基于幼儿身心特点,利用技术工具分析幼儿学习过程、收集幼儿学习反馈。

能够运用评价结果,分析、改进教育活动开展,促进幼儿发展。

上述条目是对学前教育专业师范生教师职业能力标准的部分规定,特别强调了分析和评价幼儿行为的重要性。请思考:作为职前教师的师范生,在分析和评价幼儿的过程中,你通常会遇到哪些主观因素的影响? 在对幼儿进行行为分析时,如何处理主观经验判断与客观评价之间的关系?

岗课赛证

一、单项选择题

1. 徐老师正在分组活动中指导幼儿。一起身,衣服上的胸针钩住了晶晶的头发,晶晶害怕得哭了,徐老师小心地把晶晶的头发与胸针分开。接下来,徐老师应该(　　)。(幼儿园教师资格证考试2022年下半年"综合素质"真题)

   A.加倍小心,尽量避免使胸针伤害到幼儿

   B.加强防范,不佩戴胸针以免伤害到幼儿

   C.安抚幼儿,处理好后调整胸针佩戴的位置

   D.注意安全,只佩戴不会伤到幼儿的胸针

2. 活动开始后冬冬突然躲到柜子后面,张老师让他出来,可他就是不动。张老师生气地说:"赶紧出来! 再不出来就让大灰狼把你带走!"冬冬害怕极了,急忙出来了。这表明张老师(　　)。(幼儿园教师资格证考试2021年下半年"综合素质"真题)

   A.没有体现教师的教学权威

   B.没有尊重幼儿的独特心理

   C.没有损害幼儿的人格尊严

   D.没有关注动儿的权利保护

3. 自由活动时,幼儿三五成群地在沙坑里玩耍,只有杰杰孤零零地站在旁边一动不动。对此,教师恰当的做法是(　　)。(幼儿园教师资格证考试2020年下半年"综合素质"真题)

   A.询问杰杰不与大家玩的原因

   B.只关注其他孩子不理会杰杰

   C.告诉杰杰可以自己一个人玩

   D.要求杰杰过去与大家一起玩

参考答案

4. 幼儿园里,有的孩子活泼,有的孩子沉默,有的孩子喜欢画画,有的孩子喜欢唱歌……关于导致这种个体发展差异的原因,下列说法不正确的是(　　　　)。(幼儿园教师资格证考试2020年下半年"综合素质"真题)

A. 家庭教育和幼儿园教育决定了幼儿发展个体差异

B. 遗传素质的差异性对人的发展有一定影响

C. 个体通过能动的活动选择,建构自我发展

D. 环境的给定性与主体选择性相互作用

二、辨析题

1. 家庭因素是影响幼儿发展最重要的因素。一个班级中幼儿发展有好有差,都是由家庭因素导致的。

2.《3—6岁儿童学习与发展指南》是我们判断幼儿行为发展的唯一标准。

3. 好的幼儿行为分析,应该有理有据、客观多元、专业深入。

三、简答题

1. 幼儿行为分析的原则有哪些?

2. 幼儿行为分析的技巧有哪些?

3. 幼儿行为分析的影响因素有哪些?

四、实训题

1. 结合下面图示记录,对这个班级的区角游戏进行分析。

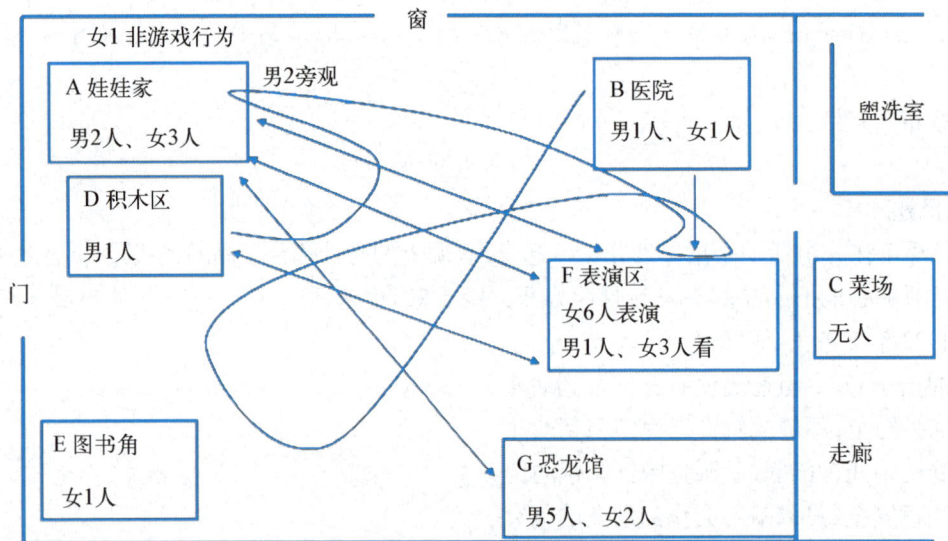

注:某中班区角游戏记录

2. 观看视频"娃娃超市"[①],尝试撰写一份行为观察记录,对幼儿行为进行分析,并提出教育建议。

3. 阅读案例"梦想中的城市",[②]尝试对幼儿绘画过程进行分析和评价,并提出改进建议。

4. 依据下面的材料描述,回答问题。(幼儿园教师资格证考试2023年上半年"保教知识与能力"真题)

小班角色游戏时,李老师发现豆豆经常会倒提起布娃娃,边打边说:"你不乖,我打你,你再哭,我还打!"

问题:(1)分析豆豆出现这种情况的可能原因。

　　　　(2)李老师针对这种情况,应该怎么做?

视频

娃娃超市

案例

梦想中的城市

----

① 案例提供者:浙江省海宁市机关幼儿园杨玉洁。

② 案例提供者:南通大学教育科学学院董申。

拓展阅读

1. 李洁.幼儿行为观察中"误读现象"分析与应对策略[J].基础教育论坛,2023(12):19—21.

2. 王晓芬,张菊梅.3岁～6岁进城务工人员子女学习习惯培养初探[J].教育导刊(下半月),2013(01):33—37.

3. 高宏钰,霍力岩.幼儿园教师观察能力的理论意蕴与提升路径——基于"观察渗透理论"的思考[J].学前教育研究,2021(05):75—84.

第八章

基于观察的幼儿行为指导

章节导入

　　夏老师所在的幼儿园是一所民办幼儿园,每学期收费不菲,园长也总提醒要做好家园沟通工作。在工作的过程中,夏老师也和其他教师一样,给幼儿撰写观察记录、拍照、收集幼儿的作品。在观察中,夏老师及时将幼儿的表现以文字、照片或视频的方式记录下来,她发现有些幼儿行为发展相对于同龄幼儿稍显落后,或与《指南》的要求相比发展略差。这些问题需要与家长沟通,家园共育才能提升幼儿的发展。这个时候,夏老师心里生出一系列的疑问:我给幼儿做了观察,是不是只要写在记录上交给领导就可以了? 大不了,再拍点照片发给家长看看就可以了? 如果听说自己的孩子发展不好,家长能否接受这一事实? 家长是否会质疑老师的能力,甚至幼儿园的保教质量? 多一事不如少一事,要不我就不要多事儿了? ……

　　在上述案例中,夏老师在工作中对幼儿进行了细致的观察,并以多样化的方式保留了观察的结果。当然,她也生发出一系列的疑问,这些疑问也是不少一线教师共同的疑惑。现实中也有教师将观察作为一种笔头工作来完成,每个月提交3—4篇观察记录成为一线教师的常规工作之一,导致不少教师将观察记录文本仅仅视作一项任务。细看夏老师的这些疑问,它们指向的核心是幼儿行为观察的目的何在。

　　2022年教育部印发的《幼儿园保育教育质量评估指南》提出,“认真观察幼儿在各类活动中的行为表现并做必要记录,根据一段时间的持续观察,对幼儿的发展情况和需要做出客观全面的分析,提供有针对性的支持”。由这段话可以发现,观察、记录、分析、支持是一个完整的过程。的确,对于教师来讲,观察与记录的目的不仅仅是解析幼儿的行为、分析问题产生的原因,最重要的是提出改善幼儿行为的教育建议,进而促进幼儿的发展。对于一线教师来说,应该怎样对幼儿的行为开展指导呢? 开展行为指导的一般策略有哪些方面呢?

学习要点

1. 了解行为指导的含义与价值,知道观察的最终目的在于促进幼儿发展。
2. 掌握对幼儿进行指导要遵循的基本原则,树立科学的指导观。
3. 学习从不同的角度提出针对某个行为的支持性策略,落实因材施教的教育观。

第一节　幼儿行为的指导及其价值

行为指导是指成人为促进幼儿良好行为的发展而采取科学有效的引导、培养、塑造、干预、矫正等教育方法和策略的过程,包括幼儿积极行为的培养塑造和消极行为的干预矫正。行为指导不仅有助于幼儿建立符合社会要求的行为规范,而且对良好、积极情绪情感的形成,对认知、学习与社会性发展也起着重要的影响作用(Brenner & Barbara, 1983; Crary & Elizabeth, 1984)。行为指导的重要性主要表现在以下三个方面。

一是帮助幼儿形成良好的行为规范。行为规范是幼儿学习、交往、生活等多方面活动的基础。没有行为规范,不仅幼儿的学习变得混乱无序,而且在同伴交往中也可能经常发生冲突与争执。因此,良好的行为规范不仅是影响幼儿学习的重要非智力因素之一,而且幼儿的同伴交往、日常活动也都离不开行为规范的指导与调控。

二是调整与改善幼儿的不良行为习惯。由于父母、家人不恰当的教养方式,幼儿可能会形成一些消极的行为习惯和行为问题。这些行为问题并不是随着年龄增长可以自然消失的,因此教师需要有意识地对幼儿进行指导与培养,帮助其矫正行为问题。

三是培养幼儿形成良好的行为,有助于其当下及将来的日常生活和社会生活。如果幼儿不能形成良好的行为习惯,那么其在日常生活和社会生活中就会感到不适应。因此,行为指导不仅有助于幼儿当前的生活、学习和社会交往活动,有助于他们良好行为习惯、积极情绪状态、较强社会能力的形成与发展,而且有助于他们日后的健康发展[①]。

第二节　幼儿行为指导的原则

教师在指导幼儿行为时需要遵循一些指导原则,以便更加有效地指导幼儿。本节将明确这些原则,并说明它们的具体应用。

一、理解和尊重幼儿

幼儿行为的指导对幼儿的生活、学习和社会交往活动等都具有重要意义。然而,观察是指导的基础,教师只有充分理解和尊重幼儿的能力和发展差异,因材施教,才能帮助幼儿得到更好的发展。

（一）理解和尊重幼儿的发展特点

《指南》明确指出:"幼儿的发展是一个持续、渐进的过程,同时也表现出一定的阶段性特征。"因此,教师在指导幼儿前,一定要对不同年龄段幼儿的发展特点有清晰的把握,理解和尊重幼儿的年龄发展特点,再对幼儿的行为采取科学、合理的指导,引导幼儿按照自己的速度和节奏一步步获得发展,避免"拔苗助长"式的教育,避免用一把尺子衡量所有幼儿。

微课

幼儿行为指导
的原则

案例8-1　我还想玩[②]

| 观察对象：阅阅 | 观察时间：2024年4月8日 | 观察地点：小四班教室 |

---

① 姜勇,庞丽娟,梁玉华.儿童发展指导［M］.北京：北京师范大学出版社,2004.
② 案例提供者：广西壮族自治区钦州市幼儿园苏春香、翁誉元。

一、观察实录

今天晨间活动的时候，教师在和幼儿玩游戏"老狼老狼几点钟"。阅阅刚放好书包走到门口，就听见教师说："游戏时间结束了，我们回去吃早餐吧！"阅阅听到后突然大声地哭了起来，一边哭一边喊着说："我还没得玩呢！我还要玩！"教师对阅阅说："阅阅，今天的晨间活动结束了，明天我们再玩，你明天来早一点，我们一起玩好吗？"可他还是说："我不要，我还没玩呢！我就要现在玩。"无论教师怎么说，阅阅还是哭闹得很厉害。

看阅阅的情绪比较激动，也考虑到他带着情绪吃东西对身体不好，教师便答应了他的要求，给他两分钟的时间玩一次"老狼老狼几点钟"。此时，阅阅听到教师说可以玩两分钟，情绪慢慢地平静下来，也参加了游戏。可等到教师再次宣布游戏结束时，他还是大声喊起来："不，我还要玩，我还要玩。"这次教师没有同意，在和他沟通过后，阅阅没有继续哭，但嘴里一直嘟囔着："哼！不开心，我都没玩够。"

二、幼儿行为与发展水平分析

3—4岁的小班幼儿情绪更易外露且不稳定。由于还不能很好地识别与控制情绪，在自己的需求不被满足或遇到挫折时，这一阶段的幼儿就会变得手足无措，只好以"哭"这种最直接的方式来表达，案例中的阅阅也是如此。

阅阅的气质类型应该属于胆汁质型。这种气质类型的显著特点是兴奋性强，不平衡，做事易冲动，任性，情绪爆发性强。所以，当阅阅遇到让自己心里不舒服的事情时，情绪就会马上爆发，哭闹不止。

从日常与家长的沟通交流中得知，阅阅在家里也是如此。如果有什么没有得到满足，就会这样大哭大闹，直到需求被满足。从案例中也看到，阅阅把哭闹当"武器"，用哭闹的方式为自己争取到了重新开始游戏的机会。

阅阅延迟满足能力较弱。延迟满足不仅是幼儿自我控制的表现，更是情绪调节的主要成分。阅阅不具备良好的延迟满足能力，会对其自控能力造成影响，因而容易出现性格急躁、缺乏耐心的行为。延迟满足能力较弱是引发阅阅不良情绪的重要原因。

三、支持策略

为了让阅阅知道他自己怎么了、为什么会这样，帮助他更好地认识和理解自己，教师以收集到的信息为抓手，找到阅阅情绪爆发背后的原因，帮助其认识和调控自己的情绪，从而提升阅阅对自我情绪的管理能力。

延迟满足：当幼儿提出的需求可以满足也可以不满足的时候，我们选择不满足；如果必须满足，我们选择滞后一些时间再去满足。如，分发区域材料时，可以选择迟一点发给他；玩游戏时，可以让别的幼儿先玩、让阅阅排队等一等的方式，增强阅阅延迟满足的能力。

与幼儿共同制定游戏规则：让幼儿参与制定游戏规则，幼儿明确了规则，就不会无所适从，减少困惑和无助，减少急躁易怒的诱因，从而提高规则意识。如，在他情绪稳定时，提前和他约定"明天你按时来园，老师在这里等着你一起玩游戏；如果来迟了，我们就不能玩了"。

家园共育：家长和幼儿共同遵守幼儿园的各项制度，如晨间活动时间是几点开始，就在这个时间点前把幼儿送来幼儿园，为幼儿争取更多晨间游戏的时间。家长以身作则，当幼儿平时不听话或不遵守约定时，要学会控制自己的情绪，给幼儿树立情绪榜样，再进行适当的引导和沟通。不能当幼儿为了得到满足而撒泼时，就一味地妥协，家长要学会用理性的态度来面对幼儿的不合理要求或行为。

上述案例中对阅阅的行为进行分析时,不仅考虑到了他作为小班幼儿的情绪发展特点,也考虑到了他的家庭生活背景及其气质类型。在提出教育建议时,也回应了这些特点。

(二) 理解和尊重幼儿的个体差异

幼儿的个体差异主要体现在以下四个方面:发展水平的差异、能力倾向的差异、学习方式的差异和原有经验的差异。教师应根据幼儿的发展水平,采用启发诱导、实际操作等更适合幼儿的教育方式。教师必须尊重和理解幼儿在发展水平、能力、经验、学习方式等方面的个体差异,因材施教,努力使每一个幼儿都能够获得满足和成功[①]。

很多人把年龄目标当作一把尺子来衡量幼儿的发展,却不知这是个错误的做法。做个简单的类比,我们把年龄目标类比成"1.6米的尺子"。假设我们拿1.6米的尺子量一个成年人的身高,量李同学1.56米,认为不达标,量张同学1.68米,则认为很优秀。这种衡量本身没有意义,甚至很荒唐。1.6米的尺子本身是客观、科学的,但把它作为衡量一个人身高是否达标的标准,就显得欠妥。如果我们考虑到李同学的先天遗传、后天的营养和锻炼,就会觉得他1.56米合理且正常。

同理,年龄目标本身没有问题,但使用的人把它当成唯一标准用了,就会出现问题。年龄目标不是考察幼儿的唯一标准,它只是依据之一。幼儿间的个体差异很大,影响行为表现的因素又比较多,机械地套用年龄标准,只能得出不恰当的结论。例如,中班幼儿的语言特点是能讲述完整的句子,有良好的倾听能力,不插话。当我们看到"今天有个中班的幼儿不讲话",于是机械地参照中班语言标准,认为他没有达到中班幼儿语言的发展水平,就显得荒唐了。

分析幼儿行为,必须考虑当时特定的场景。"今天不讲话"的原因有很多:昨天被父母批评了,有情绪;在陌生人面前害羞;太累了;身体不舒服;害怕教师;等等。幼儿不讲话只是代表了今天的状态,是否真的是语言发展滞后,还需进一步的观察和验证。

总之,教师要避免把年龄目标、幼儿发展理论等当作尺子,以此衡量幼儿的发展。在观察和分析幼儿的时候,要正确对待理论的价值——幼儿心理学理论只是分析幼儿行为的众多依据之一[②]。"幼儿心理学为我们揭示了幼儿发展的普遍趋势,只是一种理性的认识框架,不是幼儿心理发展的目标,更不是幼儿心理发展标准。现实的幼儿要比理论中描述得更丰富、更具体、更动人。"[③]

二、立足于幼儿的长远发展

《纲要》明确指出:"幼儿园教育是基础教育的重要组成部分,是我国学校教育和终身教育的奠基阶段……为幼儿一生的发展打好基础。"因此,教师对幼儿行为的指导不仅要满足幼儿当前的发展需要,更要着眼于幼儿的长远发展,注重幼儿的各方面协调发展,具体包括积极的情感和态度、自我保护的能力、社会交往能力、表达和思维能力、创造能力、知识和技能等。

《指南》的"说明"部分提出:重视幼儿的学习品质。教师在进行行为指导时也应如此。为此,教师采取的措施不能过于功利、单纯追求知识技能学习,应该重视幼儿在活动过程中表现出的积极态度和良好行为倾向,也就是良好学习品质的培育。这些品质包括幼儿的兴趣与好奇、积极主动、认真专注、不怕困难、敢于探究和尝试、乐于想象和创造等,这些恰恰也是行为指导立足于幼儿长远发展的体现。

---

① 教育部基础教育司.《幼儿园教育指导纲要(试行)》解读[M].南京:江苏教育出版社,2001.
② 王烨芳.学前儿童行为观察与分析[M].南京:江苏教育出版社,2012.
③ 王振宇.学前儿童发展心理学[M].北京:人民出版社,2004.

案例8-2　玩轮胎的小崔①

一、基本信息

观察对象：小崔　　　年龄段：中班

观察起止日期：2023年9月7日至9月8日

观察背景：幼儿园准备了轮胎供幼儿大胆探索。

观察目标：1. 观察幼儿的探索能力，以及是否专注地做一件事情。

　　　　　　2. 观察幼儿对体育游戏"玩轮胎"的兴趣和爱好。

二、行为描述

活动开始，幼儿用跳、走、滚等单一的方法重复玩轮胎。突然，小崔说："老师，快看我！"他把轮胎立起来，上半身钻进去并躺了下来，利用身体的力量让轮胎滚来滚去，教师对他的创新玩法进行了肯定。接着，教师又鼓励其他幼儿进行创新。这时候小崔找到了开心，两人站在轮胎上互相击掌（见图8-1、图8-2），看谁会掉下去，其他幼儿看见了，也都纷纷模仿起来。小奕、溪溪坐在轮胎上用脚搭桥玩。教师见状又问："小朋友们还可以找出更多的方法玩轮胎吗？"幼儿叽叽喳喳地讨论起来。紧接着，我便自由组合进行合作搭建轮胎。一开始，幼儿只能摆一条简单的直线沿着线走，后来渐渐地有了不一样的玩法……

图8-1　面对面击掌　　　　　　图8-2　面对面探索

经过前一天的讨论与设计，第二天户外活动玩轮胎时，小崔和开心就搬来了一个木板，他们俩把木板和轮胎组合起来，连成了小路（见图8-3、图8-4）。他们在上面走，其他幼儿看到了，也都搬来

图8-3　连成小路　　　　　　图8-4　走小路

---

① 案例提供者：江苏省南通市开发区康思登幼儿园陆慧敏、南通大学教育科学学院袁菁。

了梯子学着他俩的样子玩起来,随后开心和小崔把梯子的两头搭在轮胎上,玩起了"过小桥"游戏。越来越多的幼儿加入其中,有的还将轮胎垒高,增加游戏的挑战性和趣味性。

小崔对教师说:"老师,我还想搬块木板来当滑梯玩。"教师说:"好的,老师也很期待你怎么玩。"于是,他又邀请了开心一起去搬了块木板来。他先把两个轮胎垒高,把木板的一头搭在上面,一头放在地面上,这样就滑了起来。刚一滑下来,他就感觉这个不行,于是改用了三个轮胎垒高,又试了一下(见图8-5)。紧接着,他又带动其他几个幼儿搬来了几块木板,几个幼儿在他的带领下竟然把木板、木梯与轮胎组合玩了起来。女孩子们也不甘示弱,琰琰和小棠也搬来了块木板,她们先把三个轮胎垒高起来,又在上面加了一个立起来的轮胎,然后将木板穿过那立起的轮胎,玩起了跷跷板游戏。

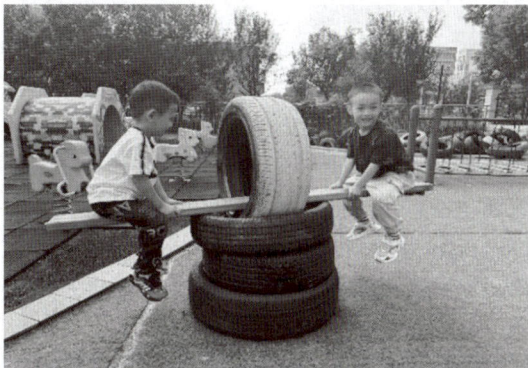

图8-5 搭成跷跷板

三、行为分析

1. 小崔能进行轮胎滚动、站在轮胎上击掌、搭建轮胎小路,表现出一定的身体平衡和协调能力。

2. 小崔将轮胎立起并利用身体的力量让轮胎滚动,突破了传统的玩法,表现出强烈的好奇心和探索欲望;通过组合不同的游戏材料(如轮胎、梯子、木板),使材料具有一定的灵活性,展现了良好的创新思维和想象力。

3. 小崔尝试用木板搭建滑梯时,初次尝试不成功,但他没有放弃,而是继续尝试,并主动邀请其他幼儿一起搬木板,表现出了坚持性、主动学习的学习品质。

4. 在游戏中,小崔能够与其他幼儿一起合作搭建轮胎小路和滑梯等,也能够与他人沟通、分工合作,共同完成任务,体现了团队合作能力。

5. 小崔能够主动与其他幼儿分享自己的玩法和想法,并邀请同伴一起参与。同时,能够带领其他幼儿一起探索新的玩法,并鼓励他们尝试和参与,具有一定的领导能力。

四、教育建议

1. 提供辅助性材料,丰富游戏内容。幼儿虽然想出了许多方法,但辅助材料的缺失导致幼儿发挥受限,后期可以提供一些辅助材料,如小型玩具、标志牌、绳子等;还可以在轮胎周围放一些软垫,注重游戏的安全性。

2. 鼓励幼儿尝试不同的材料组合,创造多样化玩法。教师要积极鼓励小崔尝试不同的新玩法,正面强化,鼓励幼儿与同伴进行讨论设计,进一步激发其创新能力和想象力。

3. 引导幼儿讨论搭建方案,创意搭建理想大型玩具。针对搭建中轮胎合理布置的问题,教师可以引导小崔与同伴进行讨论思考,然后请幼儿选出既安全好玩又布置合理的方案,再分工、创意搭建"能跑、能跳、能钻、能爬"的大型玩具。

4. 设计挑战性的游戏任务,培养竞争意识和团队协作能力。教师可鼓励小崔和其他幼儿自由探索、创造和尝试,组织更多的团队合作游戏,如轮胎拼图、搭建最高且稳定的轮胎塔等,进一步培养小崔的领导和协作能力。

5. 引导幼儿自主检查游戏材料,尝试记录不同材料组合之间的差异。在幼儿已经有了一定的玩轮胎的经验后,还可以尝试让幼儿体验轮胎和其他材料结合的效果区别并进行记录,对于个别安全隐患,需要引导他们自己去检查相应材料并进行替换。

以上案例向我们呈现了小崔对于轮胎的探索过程。教师不仅关注了其健康领域的发展（如一定的平衡能力，动作协调、灵敏），还关注了其社会领域的发展（如主动与其他幼儿分享自己的玩法和想法，有一定领导能力、合作能力），也关注了其学习品质的发展（如坚持性、主动学习）。教师提出的教育建议，不仅立足于幼儿的当前发展（如采取措施，满足小崔对于轮胎探索的需要），也立足于幼儿的长远发展（如创造力、团队协作等）。

三、把握指导幼儿的时机

把握指导幼儿的恰当时机，关系到教师对幼儿行为指导的效果。指导的时机恰当，可以培养幼儿形成良好的行为规范和行为习惯；反之，可能会抑制他们的发展。指导的时机取决于两个因素：一是成人的期待，主要指成人所希望幼儿在活动中表现出的发展水平；二是幼儿的需求，主要指幼儿的活动是否自然顺畅，是否有得到帮助的需求。当教师还不确定是否需要介入指导幼儿时，不妨先对幼儿的行为进行细致的观察[1]。

案例8-3　送你一把小椅子[2]

一、基本信息

观察时间：2023年11月10日　　　　观察地点：建构区

年龄段：大班　　　　　　　　　　观察对象：优优、玥玥、杰杰等

观察目标：1. 幼儿在新玩具建构技能上的发展。

　　　　　2. 大班幼儿组织与合作能力的发展。

二、行为描述

建构游戏开始了，优优在几组幼儿之间走来走去，教师问他"为什么不搭"，他说"不知道搭什么"，教师建议他加入其他同伴一起搭，他觉得没意思。教师想了想，对他说："我有些累了，要不你帮我搭个凳子坐坐吧！"他立刻答应了。

于是，优优开始选择积木，他首先拿来了四个长方体的工字砖，然后将双卡口的工字砖垂直卡在双卡双层工字砖上。玥玥跑过来帮忙，拿来一根方管积木敲击工字砖，将它们一一卡紧，这样一个四脚的小凳子就略具雏形了。这时优优走开了，玥玥便让教师坐下，教师看到凳子下面看似卡紧的四条凳腿并不稳，但还是假装坐下。果不其然，教师刚碰到凳子，凳子就散架了。这时，优优迅速跑过来喊道："我还没弄好呢！不能坐。"他捡起散架的积木，示意玥玥帮他一起恢复。恢复好后，他又拿一块双卡口工字砖卡在竖着的工字砖外面，凳子看上去牢固了不少。

接下来，优优继续拿两块工字砖垂直卡在凳子上面，作为小凳子的靠背。此时教师才看出来，他是在搭一把椅子。"赵老师，你试试！"教师坐了上去。"你觉得怎么样？"优优问。"挺好的，就是卡得有点紧，可能我太胖了。"教师回答道。

优优看了看，指挥一旁的杰杰搬来几块单元砖，杰杰找来附近的小推车，将单元砖搬上推车，再运送到优优旁。优优将单元砖铺在椅子座上，"两层正好。"他自言自语。他看了看椅子，又将单元砖全都搬了下来，将一块工字砖卡在椅背上，用手摇了摇椅子，说："不行，不稳固。"这时，玥玥说："这个积木都凸出来了，靠在上面，背就会卡进去。"优优走到积木筐旁边转了转，突然拿着

---

[1]　侯素雯，林建华.幼儿行为观察与指导这样做［M］.上海：华东师范大学出版社，2014.

[2]　案例提供者：江苏省如皋市港城第二实验幼儿园宗秋培。

两根黄色方管积木走过来。"你把这根积木拆掉,我想到好办法了。"他对玥玥说。

接着,他将两根方管积木卡住椅子前后。他继续拿来很多方管积木,给椅子装上了靠背。"这样还真的有点像嘞。"他一边搭一边自言自语。其间杰杰一直帮他们运输材料或是敲击各个卡口,以此稳固椅子。"老师,我给你的椅子加了坐垫,还有靠背,你坐上去再试试。"优优说。教师坐了上去,优优看了看椅子,又拿来五块单元砖加在椅子后背上。优优邀请教师再坐上去试试。"确实稳固了很多,如果能再舒服点就更好了。"教师回应道。

三、行为分析

1. 幼儿了解积木的基本特征和建构技能。幼儿能选择不同形状、不同大小的建构材料,这些材料包括点、线、面、体等维度,可拼插出多种造型,活动中幼儿能熟练掌握这些材料的基本特征,并运用架空、平铺、对称、穿过等建构技能完成作品。

2. 优优在游戏中处于主导地位。优优是整个建构活动的发起人,在活动中更多的是自己动手搭建以及指导别人的游戏,处于主导地位。

3. 幼儿能在游戏中默契合作。虽然优优处于主导地位,但其他幼儿也深入参与游戏,并能及时地给予材料上的支持和帮助,能够在多人合作中默契地朝向同一游戏目标前进。

四、支持与回应

1. 充分肯定幼儿的搭建作品,让幼儿体验到建构的乐趣。对于投放的新材料与游戏,幼儿在尝试之后就有了自己的想法与创造,并能够结合游戏情境进行搭建。同时在建构技能上也在同步发展,教师在观察的过程中要随时发现其亮点和值得进一步改进的地方,使得幼儿游戏更深入,体验建构的乐趣。

2. 相信幼儿,为他们提供足够的空间和时间,让他们在建构活动中自主分配和建构。幼儿天生会游戏,在游戏中的社会交往能力是自然发展的,要相信大班幼儿自主分配的能力、分工合作的能力以及解决问题的能力。

案例8-3行为描述部分讲述了优优在建构区的行为表现,他最初"在几组幼儿之间走来走去",在优优回答"不知道搭什么"和没有采纳"加入其他同伴一起搭"的建议后,教师及时调整了教育策略,用提出游戏任务的方式吸引优优参与到搭建游戏中。之后,教师又通过试坐和反馈意见("卡得有点紧"),促使优优搭建游戏的质量不断提升。在支持与回应部分,教师提出"充分肯定幼儿的搭建作品""为他们提供足够的空间和时间"……由此可见,在优优搭建的过程中,教师采取给予建议、参与、介入、表扬等方式及时介入,把握住了指导幼儿的时机,促使优优的游戏持续进行。

四、公平对待每个幼儿

教师在与幼儿相处时应做到一视同仁、公平对待。作为专业教育者的教师和家长是有区别的,教师在面对幼儿时应做到公平对待所有幼儿,将自己的爱心和精力平等地分给每一个幼儿,保证幼儿能够享有平等的教育机会。

有调查表明,76%的幼儿园教师认为"面对几十个孩子,内心的偏爱是难免的";31%的教师表示,"对于有些孩子我就是爱不起来,有点讨厌"[①]。但孩子的内心是脆弱而又敏感的,教师的偏爱无论是对幼儿自身而言,还是对幼幼或师幼之间的关系,都会造成不良影响。

---

① 卢乐珍,陈晓东.当前幼儿园教师的儿童观、德育观的调查分析[J].学前教育研究,1995(05):37—39.

案例8-4　娃娃家的洋洋[①]

早餐后，洋洋走进第一个娃娃家，被娃娃家的同伴拒绝了："你不能进来，我们家的人已经满了。"她看了一会儿，便走到了第二家，这里的"妈妈"答应她，让她做"妈妈"的第二个孩子。洋洋刚一走进这个家，"妈妈"就十分厉害地对她说："你躺下睡觉，不然妈妈就要打你。"洋洋不愿意，没有躺下，只能站在"门口"。过了一会儿，洋洋无奈地躺到了小床上。躺了五分多钟，直到"妈妈"来了把她送到了"幼儿园"，让她坐在小圆桌旁，说："坐在这里别动，一会儿我来接你。"于是，她又开始坐冷凳。过了一会儿"妈妈"来了，接走了"妹妹"（娃娃），没有接她。洋洋就这样玩了一次娃娃家。

问题：

1. 从社会性发展的角度，对洋洋在游戏过程中的行为表现进行分析。

2. 从理论与实践相结合的角度，提出促进洋洋社会性发展的指导策略，使其在游戏中获得快乐，成为游戏的主角。

答案：

洋洋有与同伴一起游戏的意愿，但缺乏加入同伴游戏的策略与技巧；有维持游戏的意识，但在游戏过程中处于从属地位，被同伴任意支配，不能主动表达自己的意愿和想法，处于"被动型"游戏状态。

如何让洋洋成为游戏的主角呢？首先，教师可与家长约谈或者对其进行更多的观察，了解洋洋在家或与同伴游戏时的状况，分析其行为背后的原因。其次，要加强性格培养，教师和家长可为洋洋营造宽松的游戏氛围，使其从容游戏，体验到主动交往和自主游戏的快乐，形成活泼开朗的性格，并逐渐在游戏中获得主动，从而增强交往的主动性，克服性格弱点。最后，教师要创造足够的游戏空间与时间，安排稳定的游戏区域，结合具体情境，指导洋洋学习交往的基本技能，提高其交往能力。

案例8-4描述了洋洋在娃娃家里的行为表现。读完这个案例，我们有一种直观的判断：她游戏状态不佳、游戏水平较低、游戏中交往水平较差，这表现在同伴拒绝她的时候，她被动接受；就算自己心里不情愿，还是无奈地躺到了小床上；她和"妈妈"的交往比较被动，甚至受欺负……所以幼儿整体处于"被动型"游戏状态。阅读上面的分析，我们可以看到这名教师不仅仅看到了幼儿的不足，还看到了其值得肯定的表现，比如有与同伴一起游戏的意愿、有维持游戏的意识。这反映了这一案例的分析符合第七章提到的多元、客观、专业等要求。更值得肯定的是，教师在分析后提出了改进建议，这些建议从家园合作、性格培养、游戏空间与时间多个角度进行，展现出教师公平对待所有幼儿、积极促进每个幼儿全面而富有个性发展的专业理念。

五、针对性和可操作性

教师提出的措施能起到效果的前提是该措施具有针对性、可操作性。有些教师提出的措施较为空泛，只是简单罗列要点，没有实质的意义，如"多给幼儿语言表达的机会""让幼儿知道持之以恒的道理"。例如，案例8-5的观察记录存在主观偏见等问题，其分析浮于表面，而建议更是没有针对性、泛泛而谈，适用于所有的教育活动。

---

① 沈雪梅.关爱与方法：幼儿行为观察案例分析［M］.上海：复旦大学出版社，2014：32.

案例8-5　自我中心的幼儿

行为描述：××在班里是一个性格孤僻的幼儿，入园后他不愿与教师交流，不愿意与同伴在一起，宁愿一个人缩在墙角，拒绝参加一些游戏活动。××总以审视的眼光关注周围的人和事，有时还有抵触情绪，不愿从"自我中心"中走出来，而且自尊心很强！他每次小便总是害羞，不愿与教师讲。教师采取了很多办法，但效果不是很大，他还是很孤僻。

分析：家庭中过分的保护和内向、胆小的性格，造成了幼儿自我保护意识过强，固执、以自我为中心的个性。

建议：教师是幼儿的朋友、伙伴、指导者，也是幼儿的心灵依靠，我们要给予他们安全感，同时要给予正确的引导。幼儿的心灵是纯洁的，有着敏感的自尊心，要教育好幼儿，就一定要热爱幼儿、尊重幼儿，在维护幼儿的自尊时，教师也要随机应变采取适当的教育，让幼儿健康活泼地成长！

由案例8-5可见，教师对幼儿行为的观察描述存在主观性、不具体等问题，这些行为描述更偏向对一个幼儿的评价，而非真实观察到的具体事件；教师的分析也较为笼统；提出的建议、措施适用于所有的行为指导，不具备针对性和可操作性。如在上述建议中，教师怎么给幼儿安全感、正确的引导、合适的教育，都没有具体的表述。

与上述相反，教师应提出针对性的建议。针对幼儿自我控制能力弱，有教师提出这样的建议："1. 通过角色扮演培养自制力。创设情境，使××通过履行角色职责，从而使他在遵守游戏规则中学会控制自身情绪情感。如'木头人'游戏中让他当领头人，带领其他人做动作；'大猫小猫'中让他当'猫妈妈'，学会关心爱护'小猫'，克制自己的冲动行为等。2. 在操作游戏中培养自制力。操作游戏中由于幼儿会专注于手部动作和材料本身，所以在规则简单的情况下，幼儿的自控坚持性表现得比较突出。自由活动时间，教师和徐某某一起玩拼图、七巧板、下棋……在不知不觉中培养他的自制力。"

案例8-6　朵朵的水粉绘画[①]

一、基本信息

观察对象：朵朵:(6岁,女)

材料准备：水粉笔、各色水粉颜料、白纸、画架、颜料盘。

经验准备：朵朵所在班级开展过户外写生活动，也尝试过用水粉画画。

二、创作过程（拍照呈现）

朵朵的创作过程详见图8-6至图8-16。

三、幼儿行为分析与评价

（一）对幼儿绘画过程评价

从绘画过程来看，朵朵以架子上的"节节高"竹子为灵感，明确了主题和内容，并预先规划了画面的布局，依次完成了花盆、竹节和竹叶的绘制，展现了她的思考和计划性。

图8-6　朵朵绘画花盆瓶口

---

① 案例提供者：南通大学教育科学学院王丽。

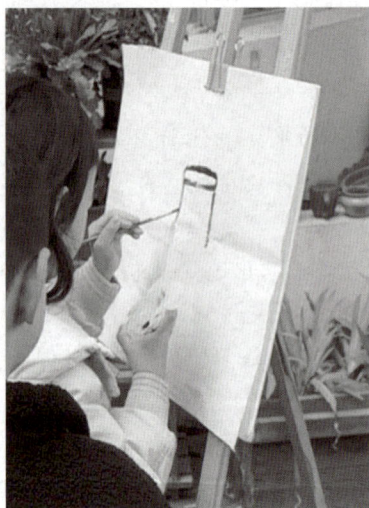

图8-7　朵朵延长左端直线

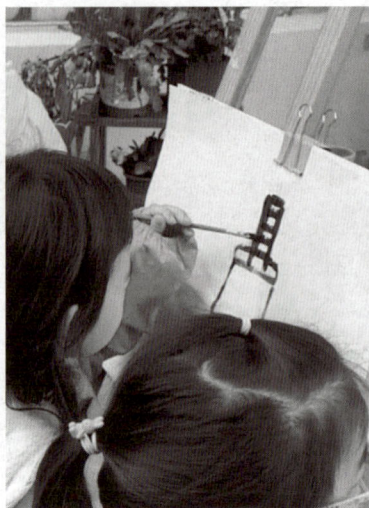

图8-8　朵朵填充完成3条短横线

图8-9　朵朵在上端添画"竹节"

图8-10　朵朵蹲下洗笔

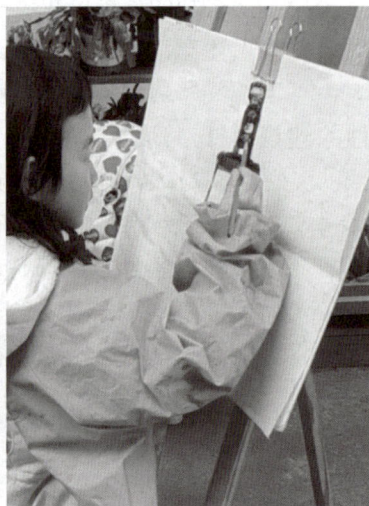

图8-11　朵朵蘸取浅绿色填充"竹节"

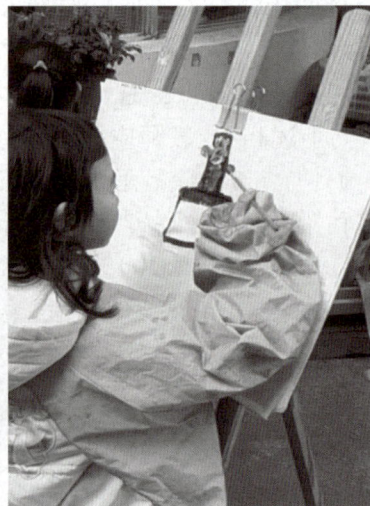

图8-12　朵朵添画深绿色竹叶

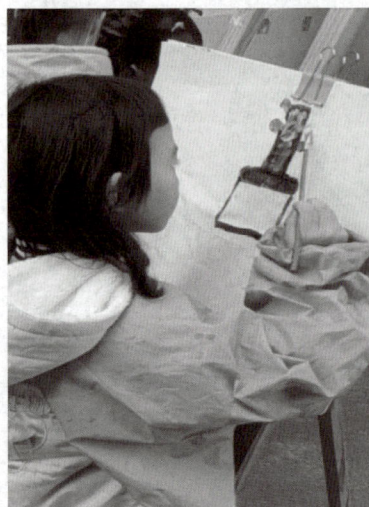

图8-13　朵朵添画浅绿色竹叶

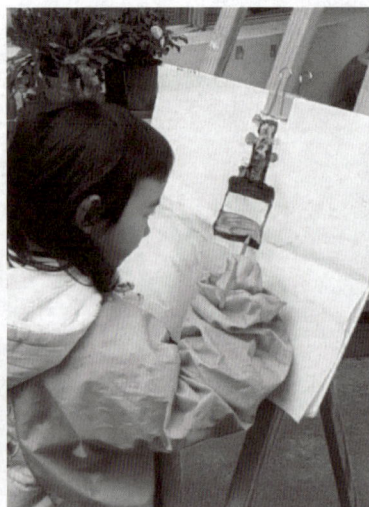

图8-14　朵朵填涂蓝色

图8-15　朵朵画水平黑直线

在绘画时,朵朵表现出了高度的主动性和专注性,她能够不受周围同伴评论交流的影响,持续专注于自己的绘画作品。整个过程中她心情愉悦,在活动中自然流露出愉快之情。当面对同伴意外干扰时,她依旧情绪稳定,保持冷静,迅速调整并继续创作。

在独立性方面,朵朵能够自我决定绘画任务,独立解决问题,并与同伴合作解决问题,体现了良好的独立性与合作精神。然而在创造性方面,她更多采用已学的造型样式和技能,未能在画面中展现出充分的创新和个性化表达。在操作

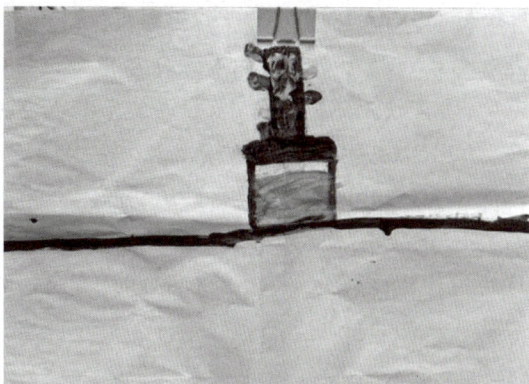

图8-16 朵朵绘画作品

作的熟练度上,左手的握笔姿势不够准确;右手握笔轻松,姿势正确,操作动作较为平稳,但略欠准确,需要中途调整修改。

在工具的使用和习惯方面,朵朵能够保持工具材料的固定位置,拿完颜料瓶后及时放回,取颜料时能够选取适当量和必用颜色。在绘画时能够有顺序、有步骤地完成作品,先用黑色从下往上勾画轮廓,然后涂色。涂色也是依据次序,一块挨着一块地涂,尽量不超出黑色的边。朵朵在绘画过程中也表现出对自己的作品满意的神情,但不太主动展示。然而当听到别人谈论时她会感到愉快,并主动回应同伴关于画面内容的询问,展现了良好的自我认知和社会交往能力。在绘画结束后朵朵能够整理好颜料柜,并将其与画架一起送回教室原位。整体而言,朵朵在绘画时能够有秩序地完成自己的作品。

(二)对幼儿绘画作品评价

从构图上来看,画面简洁明了,以竹子为主要形象,背景留白,无其他装饰和描绘。尽管画面略显单调,但能够有效地凸显主体。画面线条以直线为主,能用流畅的线条和准确的形状表现,较好地展现了花盆的样式以及竹子的主要特征,如竹节、竹叶。

同时,幼儿能够把某些简单几何图形组合形成复杂的形式,且包含物体的主要特征,比例比较接近现实,画面中呈现的花盆、竹子本身的比例较为协调一致,体现了幼儿对物体比例关系的初步理解。然而线条变化不够丰富,未能通过线条的粗细、方向和质感等变化加强画的效果,饱满程度欠缺。

在色彩运用上,幼儿选择用深绿和浅绿两种颜色来表现竹子,构造出一种渐变的感觉,真实反映了竹子的颜色特点;涂色较为均匀,很少出现溢出边框的现象,展示了幼儿较好的涂色技巧和控笔能力。作品有明显的基线感,所画的各对象彼此相关且在纸上融为一体,对上端、下端、里和外的认识很清晰。

作品的创意性略显不足。尽管幼儿能够准确描绘出竹子的形象,却未进一步展开想象力创作,整个画面缺乏个性特点,无明显的情感表现。

四、教育建议

1. 注重情感的表达与融入。教师可以通过引导她观察生活、体验情感,并尝试将这些情感融入绘画中。例如,可以让她观察不同情境下的竹子形态,然后尝试用画笔表达出来,并且在绘画时融入自己的情感,通过画笔表达自己的喜怒哀乐。

2. 丰富作品的构图与布局。朵朵在本幅作品中采用的是单独构图,教师可继续观察幼儿其他绘画作品的构图与布局,并引导幼儿在绘画时要注意构图和布局,尝试在画面中添加更多的元素,如背景、其他植物或小动物等,以增加画面的丰富性和层次感。

3. 采用多样化的线条与色彩。仅针对本幅作品而言，在线条和色彩上可以有更加多样化的表现形式。教师在今后的美术活动中可以继续观察并指导朵朵在绘画时更加灵活地运用线条和色彩，尝试使用不同粗细、长短的线条和色彩搭配，来增强画面的表现力和吸引力。在绘画技能方面，幼儿已经掌握润笔和洗笔，以及涂、勾、点等技能，而后可以引导幼儿学会调配水粉颜色，并且尝试体会厚涂和薄铺展现出的不同艺术效果。

4. 充分发挥创意与想象力。鼓励朵朵在绘画中充分发挥自己的创意和想象力，不局限于模仿现实物体，而是尝试创造出独特的、有趣的作品。教师可以通过提供一些启发性的材料或情境，来激发幼儿的创意灵感。

案例8-6先是利用拍照的形式呈现了朵朵使用水粉绘画，最终创作出一幅作品的过程，之后对绘画过程和绘画作品进行了详尽的分析，最后提出了教育建议。这些教育建议从情感、布局、线条、想象力等多维角度展开，不仅结合了朵朵的行为表现，更和绘画活动贴合，具有很好的针对性和可操作性。

第三节　幼儿行为指导的具体策略

幼儿教师的观察记录表在后半部分都有关于措施的一栏，教师会针对幼儿的行为表现提出相应的教育措施，以契合幼儿当前的发展需要。教师采纳的教育措施类型可分为师幼互动和交流、教学策略的调整、环境材料的改变、教师行为的转变、同伴互助、家园合作六大类。

一、幼儿教师常用的指导策略

（一）师幼互动和交流

师幼互动和交流是教师最为常用的教育措施，这一方式有助于幼儿教师对观察的幼儿采取更有针对性的措施。教师通过与幼儿进行平等的交流沟通，站在幼儿的视角看待幼儿的行为，能更好地理解幼儿，并做出更加适宜而有效的指导。教师不单单是在教学活动中与幼儿沟通交流，还应在日常生活中积极地与其交流沟通，潜移默化地科学指导幼儿的行为。

案例8-7　当妈那点事①

一、基本信息

观察日期：2023年10月11日　　观察时间：9∶25—9∶45

观察目的：了解茉莉（3岁3个月）是否明确妈妈这一角色要承担的责任。

二、行为描述

七七爸爸左手抱着宝宝并拿着一把梳子，右手从柜子上拿了一个澡盆，他把澡盆放在地上，然后把宝宝放进澡盆里，之后拿出梳子，开始给宝宝梳头。茉莉妈妈从宝宝的床上拿起宝宝的被子，对七七爸爸说："宝宝要睡觉觉喽。"七七爸爸把宝宝从澡盆中抱出，走向床边，把宝宝放到床上。

---

① 案例提供者：江苏省苏州市工业园区文景幼儿园张子璇、吴冰艳、张丝翼。

茉莉妈妈将小鱼放进锅里,并用铲子在锅里不停翻炒。炒完小鱼后,她将蔬菜块放在锅里继续翻炒。每炒完一个菜,茉莉妈妈就抓一把材料放进锅里,继续炒下一个菜。

15分钟以后,茉莉仍在用锅炒菜。教师以米奇妈妈身份介入:"米奇妈妈(茉莉),你在干什么呀?"茉莉:"炒菜。"教师:"是做给宝宝吃的吗?宝宝是不是都饿了啊?"茉莉这才转身去抱起宝宝,准备把手里所有的菜喂给宝宝。

三、行为分析

1. 角色认知方面:会利用各类玩具进行游戏,根据生活经验进行简单操作。在教师的启发下,幼儿已经明确了妈妈是要承担一定责任的,知道妈妈可以做哪些事情。幼儿在游戏中的前半部分时间基本都是在炒菜。教师介入指导后,她的社会角色认知发生了变化,知道除了炒菜,还要照顾宝宝,但是还不清楚要如何照顾宝宝。

2. 玩具使用方面:会利用区域中的材料进行游戏。

3. 注意力持续方面:能玩满一个完整的游戏时间。

4. 同伴互动方面:愿意和其他幼儿一起游戏,与同伴间很少有语言和动作互动。

5. 动作发展方面:大小肌肉动作发展较好,可以按自己的想法做出拿取、搅拌、盖被子、翻炒等动作。

四、支持策略

1. 利用区域分享、谈话等方式帮助幼儿梳理游戏中爸爸妈妈有哪些责任以及具体需要怎么做。

2. 引导幼儿回忆生活中家人是如何照料自己的,将其提炼并以步骤图形式布置在米妮家墙面上。

3. 引导幼儿讨论小宝宝在不同年龄阶段可以吃什么食物,回忆家人给弟弟妹妹喂奶粉的情境。

在这个案例中,教师边观察边记录。在观察到幼儿的行为没有进展的时候,教师通过及时的干预(询问"米妮妈妈,你在干什么呀")推进幼儿行为的变化。在反思后,教师提出了具体的支持策略。这些策略包括"引导幼儿讨论小宝宝在不同年龄阶段可以吃什么食物""引导幼儿回忆生活中家人是如何照料自己的"等,均是通过与幼儿的互动来实现的。案例中"帮助幼儿梳理游戏中爸爸妈妈有哪些责任以及具体需要怎么做"是打算通过"区域分享、谈话"这一教育教学活动策略的调整来促进幼儿发展,"将其提炼并以步骤图形式布置在米妮家墙面上"则是通过环境材料的改变来尝试促进幼儿的发展。

(二)教学策略的调整

教学策略的调整是目前幼儿教师较多使用的一种方式,即教师选择通过集体教学活动来促进幼儿的发展。教师采用集体教学的方式,根据幼儿的平均水平,使用科学合理的教学方法,在有限的时间内,最大限度地使所有的幼儿都能得到发展。但在集体教学活动中不单单是为了完成自己的教学任务,而是根据幼儿的需求及时地调整课程内容或活动方式。

比如,张老师正在进行事先准备好的教学活动,这时外面传来了轰隆隆的声音。幼儿都被这个声音吸引住,往窗外看着,探索声音是从哪里传来的。张老师见状果断选择了暂停教学活动,带领幼儿去外面找寻声音的出处,幼儿兴奋地去寻找,发现这个声音来自外面运水泥的拖拉机。幼儿没有见过拖拉机,兴奋地围着拖拉机转圈圈,张老师发现幼儿对拖拉机很感兴趣,就去找了拖拉机的主人。得到了对方的同意,便让幼儿去摸一摸、看一看,感受一下,大家玩得很开心、很满足。

在此次活动中,张老师并没有在幼儿对外面的事物感兴趣的时候压抑他们的好奇心,而是选择满足幼儿的好奇心,带领他们一起去外面一探究竟,并根据幼儿的实际需求及时调整自己的教学内容,最大限度地有效利用时间。如果张老师在当下选择批评幼儿,并继续自己的教学活动,那势必打击了他们的好奇心,幼儿也不会如此投入教学内容,学习效率也会大大降低。所以教师的教学策略、内容、目标等,都应贴合幼儿的实际需要、水平来制定,并要善于根据幼儿的参与态度和活动积极性做出及时调整。

（三）环境材料的改变

在幼儿园内,教师会定期调整教室内的材料投放和环境布置,会根据教学主题、幼儿需求、幼儿发展水平等对材料和环境做出适当调整。

比如,大多数家长反映,小班刚入园的幼儿在家里不喜欢刷牙或者不会刷牙。张老师根据这个情况,特地在区域中加入了给河马刷牙的环节。在活动中,教师自然地用图示为幼儿讲解为什么要给河马刷牙,如何为河马刷牙,除了刷牙以外还有什么方式保护河马的牙齿等,自然地引导幼儿知道刷牙是为了保护牙齿宝宝,刷牙的正确步骤是什么,要爱上刷牙等。这个活动实施了一周之后,班上幼儿的刷牙状况明显好转很多。

张老师在知道幼儿普遍存在刷牙问题之后,利用环境材料的改变,引导幼儿通过给河马刷牙,了解刷牙的步骤、好处等,养成早晚刷牙的好习惯,知道自己的事情自己做。教师应充分利用改变区域环境和材料的方式,在游戏中潜移默化地引导幼儿养成良好的习惯,提高自身能力。尽可能避免一味地采用简单生硬的说教,而是利用生动有趣的方式帮助幼儿养成良好习惯。

（四）教师行为的转变

教师行为的转变是教师在工作中根据幼儿的实际情况做出的调整和回应。每个幼儿都是独立的个体,他们的个性、气质、脾性、能力、发展水平等各方面都存在差异,每个幼儿的家庭对幼儿实施的教养方式也是不同的。因此,教师在分析、指导幼儿的行为时,应结合幼儿的生活环境、经验水平、实际需求等各方面的实际状况,来思考使用哪种态度给予回应。

比如,有个幼儿在家里养成了"饭来张口"的习惯,他并不是挑食,只是懒得自己吃饭,这与他长期由妈妈喂养有一定关系。但在今天教师喂饭的过程中,他比较有目的性地在吃饭,并且主动要求自己吃饭,这比过去有很大的进步。当教师表扬他的时候,他非常高兴,说明奖励对他很有帮助,今后要多多对他进行鼓励。改变幼儿不良的饮食习惯仅靠教师单方面的努力是不行的,家长也要积极配合教师的工作,引导幼儿形成良好的饮食习惯,在家庭膳食中为幼儿的全面营养做努力。要教育、帮助幼儿明白一个道理:从小养成良好的饮食习惯,才能健康成长。所以,教师适宜的教育行为有利于幼儿的成长,反之则有可能导致幼儿越来越偏执,走得越来越偏。因此,教师科学、合理、适宜的教育行为对幼儿来说至关重要。

（五）同伴互助

以该方式来促进幼儿的发展也是一种较好的方法,因为同伴是幼儿成长和生活中重要的参与者。与师幼之间的互动相比,幼幼之间的互动能够更好地帮助和影响幼儿。比起接受成人的帮助,幼儿更喜欢接受同伴的帮助,同伴之间的互助有利于其社会交往能力的发展。为此,教师和家长都应注重幼儿的同伴互助,为幼儿提供尽可能多的与同伴交往的机会。

比如,针对幼儿在画画时的表现,教师除了可以借助口头语言强调正确的学习行为规范,还可以让能力较强、行为规范较好的幼儿坐在他的旁边,为其树立榜样。与此同时,还能让其感受到同伴的关心和照顾,并结合班级的课程进度,安排其学习与同伴合作完成一项任务,从而帮助其养成良好的行为规范。

（六）家园合作

家园合作也是幼儿园非常注重的一种方式,促进幼儿的发展不能只依靠教师的努力,家长也应该积极配合指导幼儿。教师应该注重与家长沟通,积极指导并帮助家长更好地促进幼儿各方面协调发展。教师应积极指导家长转变育儿观,懂得将家庭教育作为幼儿通向社会的第一座桥梁,这对幼儿的个性、品质和健康成长起着非常重要的作用。

例如,针对学习习惯不良的幼儿,有教师提出了家园合作的建议:

案例8-8 学习习惯不良幼儿的家园合作建议

① 和幼儿多沟通,学会倾听幼儿的心声。家长要尽量抽出时间与幼儿一起聊天。比如,幼儿回到家随便问问:"今天幼儿园有什么开心(好玩)的事情? 你的好朋友是谁? 今天学会了什么本领?"以关爱的眼光看着幼儿分享他们学习的过程、同伴或教师的故事,让幼儿感觉到父母对自己的关注。

② 扩大幼儿交往范围。不要把幼儿关在狭窄的空间里,多带幼儿到小区游乐健身的地方玩游戏,鼓励幼儿和小区里的同伴玩耍、交朋友,带幼儿去超市、公园,开阔他们的视野,培养与人交往的能力。

③ 重视学习习惯的培养,激发学习兴趣。家中物品要摆放整齐,尽量创设安静整洁的环境。幼儿学习时家长在家里不大声说话或看电视,让幼儿少受外界干扰,更好地保持注意力。让幼儿在家尽量少看电视,买些故事书、益智玩具让幼儿静下心看、玩、思考,对学习产生兴趣。

二、常用指导策略的综合使用案例

为了方便读者理解,在前文中,将一个个策略进行了具体阐述和分别举例。通常来讲,对幼儿行为的指导往往需要采取多个措施。当然,这些措施都应该落实在具体的教育行为中。也就是说,当教师想到和提出各种支持措施后,应努力落实到自己的教育实践中,真正采取措施促进幼儿发展才是观察的本意。

案例8-9 玩攀爬绳的泽泽[①]

一、基本信息

观察对象:泽泽(中班男孩)

观察日期:2024年6月25日　　观察时间:10:00—10:05

观察目的:了解幼儿的动作发展水平、技能及其社会性交往等。

二、行为描述

幼儿开始玩攀爬绳的游戏,泽泽大喊:"排队去呀! 快去排队呀! 不可以插队。"泽泽对正在玩攀爬绳的幼儿说:"要到上面最高的地方就可以吃到饼干了。这里有饼干,你想吃吗?"说完跳起来大声"啊呜"一口,装作把饼干吃掉的样子。

"预备,开始! 你玩好了就给我玩吧。"泽泽说道。正在玩攀爬绳的同伴表示同意。这时候排在后面的黄衣服男孩想玩,泽泽用手指着他说了好几次:"不给他玩!"正在玩攀爬绳的同伴告诉泽泽:"他们堵在我前面我不好玩。"泽泽听后立马把站在后边的几个幼儿推开,嘴里嚷嚷着:"去外面,去外面等一下,去休息一会儿吧。"然后很激动地蹲下来喊道:"预备! 开始!"看到攀爬绳上面的同伴,泽泽哈哈大笑后跪坐在地上,说道:"你有没有玩好?"过了一会儿,泽泽又开心地大笑,手撑在地上把脚翘起来,等看到正在玩的同伴玩好后,泽泽立马冲上去抓住攀爬绳。这时,旁边的白衣服男孩也抓住了攀爬绳,两人抓着绳子争执起来,泽泽对白衣服男孩说:"等一下,要一个个玩!"白衣服男孩才答应并松开了手。

---

① 案例提供者:南通大学教育科学学院袁菁。

轮到泽泽玩了，泽泽双手抓住攀爬绳，双腿向上跳夹住绳子，开始向上攀爬，爬到最高的地方停顿了一会儿很快就灵活地下来了。等到泽泽玩好，排在后面的黄衣服男孩准备从他手中接过攀爬绳，泽泽立马抱住绳子说"不给"，然后嘴里喊着另一个幼儿的名字，四处张望寻找那个幼儿，并用手推开黄衣男孩。等黄衣男孩走了，泽泽又在攀爬绳上逗留了一会儿，然后对旁边黑衣服男孩说道："你可以玩我的，你等会儿玩好了再给我玩吧。"等黑衣服男孩抓住攀爬绳，泽泽用手从后面推他使其晃动。

三、行为分析

1. 泽泽能够双手抓住攀爬绳，双腿向上跳夹住绳子，并顺利向上攀爬，在攀爬时表现出了较好的身体协调性和平衡能力。

2. 泽泽能够长时间地保持攀爬的姿势，说明他具有较强的上肢力量。同时，泽泽能够顺利地向上攀爬，没有表现出明显的疲劳或放弃的迹象，说明他具有较好的耐力。

3. 泽泽语言发展得比较好，能够用完整的语言向同伴表述自己的要求和想法。当幼儿插队时，他能够主动上前解决，并和同伴商量玩游戏的次序，也能鼓励同伴勇于向上爬。

4. 泽泽能够专注于游戏的整个过程，不被外界干扰影响。泽泽没有因为困难而放弃，而是坚持努力，这体现了他的坚持性和毅力。

5. 泽泽在游戏中有一定的社交行为，如与同伴沟通和试图维护游戏规则，让其他幼儿按顺序玩；但在游戏中有推搡和独占的行为，不利于和同伴的友好互动与合作，缺乏问题解决能力，与同伴沟通与协商的能力有待提升。

四、教育建议

1. 开展平衡木行走、投掷游戏、拉力练习等，进一步提升泽泽的体能；鼓励泽泽参与户外活动和体育锻炼，如爬山、游泳、骑自行车等，帮助他增强上肢力量和耐力。

2. 通过各种途径（如体育活动、晨间户外活动），充分利用材料（如攀爬网、攀爬墙等）激发泽泽的兴趣。

3. 引导泽泽学习有效的沟通技巧，恰当表达自己的意愿和情绪，同时尊重他人的想法和感受。可以开展角色扮演游戏，使他体验不同的社交场景，学习如何妥善处理冲突。

4. 让具有良好社交技能和情绪管理能力的同伴作为榜样，鼓励泽泽观察和学习。当泽泽表现出推搡或独占行为时，及时给予提醒和纠正。

5. 邀请家长参与园内的活动，如亲子运动会、家长开放日等，让家长更直观地了解幼儿在园的表现。请家长利用走亲戚、到朋友家做客的时机，鼓励泽泽与他人接触、交谈。鼓励泽泽参加同伴的游戏，也欢迎他带同伴到家里玩，与别人分享玩具、图书，提醒他注意礼貌、对人友好等。

案例8-9呈现了泽泽在户外活动中与同伴一起玩攀爬绳的过程。教师对泽泽的行为进行了细致的描述，而且从多个维度解析了他的行为，之后提出了多种指导策略。在这些指导策略中，既包括了师幼互动（引导泽泽学习有效的沟通技巧）、教学策略的调整（开展身体协调性和力量的游戏与活动）、环境材料的改变（充分利用与攀爬有关的材料，如攀爬网、攀爬墙等），也包括了教师行为的改变（与泽泽一起探讨可能的问题解决方案，及时给予表扬和鼓励）、同伴互助（其他幼儿作为泽泽的榜样）、家园合作（与家长保持密切沟通）。

挑稻秆①

---

① 案例提供者：江苏省南通市通州区金桥幼儿园朱清。

·思政园地·

《中华人民共和国学前教育法》部分规定

第十四条 实施学前教育应当从学前儿童身心发展特点和利益出发,尊重学前儿童人格尊严,倾听、了解学前儿童的意见,平等对待每一个学前儿童,鼓励、引导学前儿童参与家庭、社会和文化生活,促进学前儿童获得全面发展。

第五十条 幼儿园应当坚持保育和教育相结合的原则,面向全体学前儿童,关注个体差异,注重良好习惯养成,创造适宜的生活和活动环境,有益于学前儿童身心健康发展。

第五十六条 幼儿园应当以学前儿童的生活为基础,以游戏为基本活动,发展素质教育,最大限度支持学前儿童通过亲近自然、实际操作、亲身体验等方式探索学习,促进学前儿童养成良好的品德、行为习惯、安全和劳动意识,健全人格、强健体魄,在健康、语言、社会、科学、艺术等各方面协调发展。

上述为《中华人民共和国学前教育法》的部分条文规定。请仔细阅读这些规定,并思考:这些条文为开展幼儿行为观察指导带来哪些启示?怎么将其应用到行为观察中?

岗课赛证

一、单位选择题

1. 在一次续编故事活动中,小朋友们积极举手发言。一向胆小的圆圆也举起了小手,戴老师有意请圆圆回答,可圆圆的声音非常小。小朋友们嚷嚷:"他的声音太小了,我们什么也听不见!""老师让我替他说吧!"对此,戴老师恰当的回应是( )。(幼儿园教师资格证考试2023年上半年"综合素质"真题)

   A. "欣欣,你来替圆圆讲! 圆圆请先坐下休息一会儿!"

   B. "圆圆真勇敢,请你大声地再讲一遍,好吗?"

   C. "你们管好自己的小嘴巴,我们要尊重圆圆。"

   D. "圆圆,你应该大声讲故事。"

2. 超超属于大(2)班里少数不会跳绳的孩子。户外活动时,梅老师对超超说:"今天老师看到你用尽全力在跳,相信你还可以做得更好!"这表明梅老师( )。(幼儿园教师资格证考试2021年下半年"综合素质"真题)

   A. 未能把握教育契机　　　　　　　　　B. 善于创设学习环境

   C. 未能提供针对性指导　　　　　　　　D. 善于改进教学策略

3. 甜甜拿着一辆玩具汽车,丁丁也想玩,可是甜甜不给,丁丁就去抢,两人推打起来。邓老师看见后,就走过去一把夺过玩具说:"居然还打起来了! 谁都不准玩了!"邓老师的做法( )。(幼儿园教师资格证考试2021年上半年"综合素质"真题)

   A. 恰当,有利于保护幼儿人身安全　　　B. 恰当,有利于教育丁丁尊重他人

   C. 不恰当,不利于培养幼儿良好的品行　　D. 不恰当,不利于保护丁丁的求知欲

二、辨析题

1. 幼儿行为观察,重要的是将记录写得漂亮,落不落实不重要。

2. 某一大班幼儿没有达到《3—6岁儿童学习与发展指南》提出的年龄段发展目标之一"能通过实物操作或其他方法进行10以内的加减运算"。为了帮助幼儿达到这一要求,教师提出的教育策略是"购买幼升小的计算练习册,让幼儿反复计算"。你怎么看待这一策略?

3. 幼儿行为指导的策略越多越好。

三、简答题

1. 幼儿行为指导的价值有哪些？

2. 幼儿行为指导的原则有哪些？

3. 幼儿行为指导的常用策略有哪些？

四、实训题

1. 请结合材料，从教育观的角度，评析孙老师的教育行为。（幼儿园教师资格证考试2024年上半年"综合素质"真题）

户外运动结束后，孩子们拿着自己的小杯子排队接水，只有浩浩不排队，插到玲玲前面接了一杯水，玲玲不高兴地嘟囔了一句。

见此情景，孙老师拿来杯子，走到饮水机旁直接接了一杯水。完完看见了，说："浩浩接水没有排队，孙老师你接水也没有排队。"边说边看着孙老师，其他小朋友们嘿嘿笑着，也看向孙老师。

孙老师抛出一个问题："接水时，咱们应该怎么做呢？"孩子们纷纷说道："拿好自己的小杯子，不要掉地下了。""要小心，不要让水烫着了。""要接半杯水。""不要插队要排队……"孙老师说："哦，那我没有排队就接水了，我错了。""老师，你没有遵守秩序哟。"明明大胆地说道。孙老师急忙说："对不起！老师以后一定不会这样做了，请小朋友们监督老师，好不好？"孩子们齐声说："好！"孙老师继续问："那你们以后呢？""我们当然要排队啦！"浩浩脸红了，说他以后也要排队。

2. 请结合材料，按照教师职业道德的要求为李老师出谋划策。（幼儿园教师资格证考试2020年上半年"综合素质"真题）

这段时间，李老师一直被一件事情困扰着。李老师发现，班上新来的小钰和别的小朋友不一样。她见到陌生成年人就会惊恐地往后躲，在幼儿园里也不与同伴交往，不爱运动，拒绝参加班里组织的任何活动，总是自己默默地坐在小椅子上，不让小朋友接近她。谁要跟她说话，她就"嗷嗷"叫，害怕得瑟瑟发抖。

经过多方了解，李老师得知小钰出生后就被人领养。后来，生父与养父发生纠纷，为了摆脱生父的纠缠，养父就带着她东躲西藏，3岁时又将她转给现在的养父母。现在的养父母开了一家饭店，为了生意基本无暇顾及她，任她自己玩耍。饭店的服务员经常戏弄她不会说话，使得她害怕成年人，拒绝与人交往，没有交流对象，语言表达能力发展很慢。

面对如此情况，该怎么办呢？

3. 阅读案例"搭土灶"，[①]尝试对幼儿行为和教师保教行为进行分析与评价，并提出教育建议。

4. 扫描二维码观看视频"彩色毛毛虫"，[②]记录下这个视频的主要内容，感受优秀的行为观察记录的构成，说一说值得学习之处，并反思如何提升自己的观察记录水平。

案例 搭土灶

视频 彩色毛毛虫

🌐 拓展阅读

1. 王晓芬，蔡春燕.流动学前儿童自信心培养初探[J].教育导刊（下半月），2012（04）：24—28.

2. 戴小红.幼儿园教师观察能力现状及其提升策略[J].学前教育研究，2018（06）：64—66.

3. 池丽英，赖斯慧.技能还是素养：对幼儿园教师观察能力内涵的反思[J].学前教育研究，2022（08）：83—86.

---

① 案例提供者：江苏省如皋高新区新华幼儿园石太琴、南通大学教育科学学院夏玲玲。
② 视频提供者：江苏省泰州市大冯中心幼儿园陈秋阳。

主要参考文献

［1］李娇.不说话的慈慈［J］.学前教育（幼教），2021（Z1）：30—32.

［2］刘峰峰.象征性游戏和游戏中的象征（下）——论幼儿园几种主要游戏的指导要点［J］.学前教育，2023（23）：4—9.

［3］周欣，黄瑾.以发展幼儿数学素养为导向的教师观察和评估——5—6岁儿童数学观察评估检核表的实际使用案例分析［J］.幼儿教育，2022（31）：4—6.

［4］李洁.幼儿行为观察中"误读现象"分析与应对策略［J］.基础教育论坛，2023（12）：19—21.

［5］高宏钰，霍力岩.幼儿园教师观察能力的理论意蕴与提升路径——基于"观察渗透理论"的思考［J］.学前教育研究，2021（05）：75—84.

［6］戴小红.幼儿园教师观察能力现状及其提升策略［J］.学前教育研究，2018（06）：64—66.

［7］池丽英，赖斯慧.技能还是素养：对幼儿园教师观察能力内涵的反思［J］.学前教育研究，2022（08）：83—86.

［8］王晓芬，吴桢.幼儿园教师生活活动观察记录文本分析［J］.幼儿教育，2023（36）：22—25.

［9］王晓芬，陈惠婷.幼儿园教师户外活动观察水平及其改进建议［J］.幼儿教育，2023（Z6）：15—19.

［10］王晓芬，于欣苗.幼儿园教师建构游戏观察记录的文本分析［J］.幼儿教育，2021（Z6）：17—20.

［11］王晓芬，商文芳，李晓蕾.实习幼师观察记录撰写能力的现状与提升策略——基于S市12所幼儿园的调查数据分析［J］.早期教育，2021（26）：32—35.

［12］王晓芬，彭晓敏，耿玥.幼儿园教师撰写个案观察记录的现状及提升对策［J］.幼儿教育，2018（Z6）：22—26.

［13］北京市教育科学研究所.陈鹤琴全集（第一卷）［M］.南京：江苏教育出版社，1987.

［14］蔡春美，洪福财，邱琼慧，等.幼儿行为观察与记录［M］.上海：华东师范大学出版社，2013.

［15］陈铮，秦旭芳.以观察聚焦幼儿发展——发展检核表在科学探究领域中的建构与应用［J］.早期教育：教科研版，2014（07）：28—32.

［16］侯素雯，林建华.幼儿行为观察与指导这样做［M］.上海：华东师范大学出版社，2014.

［17］刘春雷.学前儿童行为观察与评价［M］.长春：东北师范大学出版社，2015.

［18］李晓巍，刘艳.基于教师和家长评定的3—6岁幼儿发展特点研究［J］.教育研究与实验，2015（01）：92—96.

［19］李晓巍.幼儿行为观察与案例［M］.上海：华东师范大学出版社，2017.

［20］刘焱.幼儿园游戏与指导［M］.北京：高等教育出版社，2012.

［21］［美］玛拉·克瑞克维斯基.多元智能理论与学前儿童能力评价［M］.李季湄，方钧君，译.北京：北京师范大学出版社，2015.

［22］［美］沃伦·R.本特森.观察儿童——儿童行为观察记录指南［M］.于开莲，王银玲，译.北京：人

民教育出版社,2009.

［23］潘月娟.学前儿童观察与评价［M］.北京：北京师范大学出版社,2015.

［24］孙诚.幼儿行为观察与指导［M］.长春：东北师范大学出版社,2014.

［25］［英］Carole Sharman, Wendy Cross, Diana Vennis.观察儿童：实践操作指南（第三版）［M］.单敏月,王晓平译.上海：华东师范大学出版社,2008.

［26］沈雪梅.关爱与方法：幼儿行为观察案例分析［M］.上海：复旦大学出版社,2014.

［27］施燕,韩春红.学前儿童行为观察［M］.上海：华东师范大学出版社,2011.

［28］施燕,章丽.幼儿行为观察与记录［M］.上海：华东师范大学出版社,2015.

［29］王烨芳.学前儿童行为观察与分析［M］.南京：江苏教育出版社,2012.

［30］张司仪.幼儿园教师撰写"幼儿个案分析"的研究［D］.南京师范大学,2013.

后 记

提高教师观察能力的几点建议

幼儿教育离不开对幼儿行为的观察，观察是幼儿园教师的专业核心能力之一。不论是2012年颁布的《幼儿园教师专业标准（试行）》，还是2022年颁布的《幼儿园保育教育质量评估指南》，都强调了观察的重要性。自踏入幼儿园起，教师每时每刻都在进行观察、评价和指导，这似乎是一件再正常不过的事情。如今教师普遍认可行为观察的价值，但在实践中还存在一些问题和困惑。教师可以从以下方面入手，逐步提高自己的观察能力。

强化观察意识。树立正确的观察意识和态度是教师有效观察的重要基础与必要前提。观察是教师合理制订教育策略的前提，观察应成为教师的专业自觉，教师要努力将观察变成日常工作的一部分。只有教师意识到自身角色的重要性，认同观察对幼儿成长与发展的价值、对自身专业发展的意义，才会沉下心去观察。

扩展头脑中的"幼儿典型行为库"。"幼儿典型行为库"是指体现幼儿发展水平的各类典型行为的集合。有些教师观察水平不高，是因为不知道日常活动中观察幼儿的要点是什么，头脑中储存的"幼儿典型行为"有限。教师可以通过教研活动，细致梳理各类活动的观察点；参考《3—6岁儿童学习与发展指南》各年龄段发展目标来观察和理解幼儿。只有具备一定的专业积累，教师才可能在真实、复杂的教育场景中迅速判断出儿童行为的价值和明确自己的观察点。

尝试控制自己的观察行为。观察不是漫无目的地随意看，教师需要控制自己的观察行为，提高自己观察的专业性。例如，对幼儿的行为保持好奇，以"初见"心态满怀"期待"地观察；保持完整观察的意识，避免草率制止、打断、盲目介入；尝试观察幼儿在各类活动中的行为表现，摆脱只关注游戏或者幼儿发展某一方面的桎梏。

观察中放平心态。在观察中，教师往往希望能发现和记录令人眼前一亮的"哇"时刻或者发现幼儿的"问题""困难""不足"。当怀有较高的期待后，教师进行观察时，就往往感觉自己只看到了司空见惯、不足为奇的幼儿行为。其实，在一日活动中观察幼儿，从幼儿日常行为中理解其发展水平和需求，才是常态。

尝试进行多元观察。观察不仅是眼睛看、耳朵听，还要和谈话、作品分析、家园沟通等途径结合；观察记录不仅可以通过文字描述，还可以通过行为检核、评定量表、取样观察等方式展现。教师尝试了解并掌握多样化的观察方法，能提高幼儿行为观察的有效性。

加强观察后教育建议的落实。结合观察记录、分析与评价，教师提出可促进幼儿发展的可操作、可实现的一系列教育建议。建议的提出并不意味着观察行为的终止，观察并非为了完成任务、上交文本和放在档案袋中。教师应努力将观察后提出的教育建议付诸实践，真正采取措施促进幼儿发展，这才能达到观察的最终目的。

借助观察提高反思能力。教师可以借助记录文本或者拍摄的视频进行反思，思考观察要点是否到位和是否忽略关键性信息，记录是否客观和有代表性，分析是否全面多元和有理有据，指导策略是否有针对性和可操作性，后续观察是否需要和如何进行，从而让反思成为提高自身观察能力和专业发展的内在动力。

图书在版编目(CIP)数据

幼儿行为观察与分析/王晓芬主编. -- 2 版.
上海：复旦大学出版社,2025.7.
ISBN 978-7-309-18076-3
Ⅰ. B844.12
中国国家版本馆 CIP 数据核字第 2025U169H8 号

幼儿行为观察与分析（第二版）
王晓芬　主编
责任编辑/赵连光

复旦大学出版社有限公司出版发行
上海市国权路 579 号　邮编：200433
网址：fupnet@ fudanpress.com　http://www.fudanpress.com
门市零售：86-21-65102580　　团体订购：86-21-65104505
出版部电话：86-21-65642845
上海丽佳制版印刷有限公司

开本 890 毫米×1240 毫米　1/16　印张 10.75　字数 325 千字
2025 年 7 月第 2 版第 1 次印刷

ISBN 978-7-309-18076-3/G·2709
定价：45.00 元